新型职业农民书架丛书·食用菌种植能手谈经与专家点评系列

草菇种植能手谈经

国家食用菌产业技术体系郑州综合试验站
河南省现代农业产业技术体系食用菌创新团队

组织编写

李　峰　主编

中原农民出版社

·郑州·

图书在版编目（CIP）数据

草菇种植能手谈经/李峰主编. —郑州:中原农民出版社,
2014.11
ISBN 978 - 7 - 5542 - 0862 - 5

Ⅰ.①草… Ⅱ.①李… Ⅲ.①草菇－蔬菜园艺 Ⅳ.
①S646.1

中国版本图书馆 CIP 数据核字(2014)第 237632 号

编 委 会

主　　编　康源春　张玉亭

副 主 编　孔维丽　黄桃阁　李　峰　杜适普
　　　　　谷秀荣

编　　委　（按姓氏笔画排序）
　　　　　王志军　孔维丽　刘克全　李　峰
　　　　　杜适普　张玉亭　谷秀荣　段亚魁
　　　　　袁瑞奇　黄桃阁　康源春　魏银初

本书主编　李　峰
副 主 编　赵建选　胡晓强　靳荣线　曹祖海

出版社:中原农民出版社
地址:郑州市经五路66号　电话:0371 - 65751257
　　邮政编码:450002
网址:http://www.zynm.com
发行单位:全国新华书店
承印单位:新乡市豫北印务有限公司
投稿信箱:DJJ65388962@163.com　　交流QQ:895838186
策划编辑电话:13937196613
邮购热线:0371 - 65724566
开本:787mm×1092mm　　　　　1/16
印张:12　　　　　　　　　　　插页:8
字数:273千字
版次:2015年10月第1版　　　印次:2015年10月第1次印刷

书号:ISBN 978 - 7 - 5542 - 0862 - 5　　定价:39.00元
　　本书如有印装质量问题,由承印厂负责调换

编 者 语

像照顾孩子一样
管理蘑菇

编
者
语

"新型职业农民书架丛书·食用菌种植能手谈经与专家点评系列"，是针对当前国内食用菌生产形势而出版的。

2009 年 2 月,中原农民出版社总编带领编辑一行,去河南省一家食用菌生产企业调研,受到了该企业老总的热情接待和欢迎。老总不但让我们参观了他们所有的生产线,还组织企业员工、技术人员和管理干部同我们进行了座谈。在座谈会上,企业老总给我们讲述的一个真实的故事,深深地触动了我。他说:

企业生产效益之所以这么高,是与一件事分不开的。企业在起步阶段,由于他本人管理经验不足,生产效益较差。后来,他想到了责任到人的管理办法。那一年,他们有 30 座标准食用菌生产大棚正处于发菌后期,各个大棚的菌袋发菌情况千差万别,现状和发展形势很不乐观。为此,他便提出了各个大棚责任到人的管理办法。为了保证以后的生产效益最大化,老板提出了让所有管理人员挑大棚、挑菌袋分人分类管理的措施……由于责任到人,目标明确,管理到位,结果所有的大棚均获得了理想的产量和效益。特别是菌袋发菌较好且被大家全部挑走的那个棚,由于是技术员和生产厂长亲自管理,在关键时期技术员吃住在棚内,根据菌袋不同生育时期对环境条件的要求,及时调整菌袋位置并施以不同的管理措施,也就是像照顾孩子一样管理蘑菇,结果该棚蘑菇转劣为好,产量最高,质量最好。这就充分体现了技术的力量和价值所在。

这次调研,更坚定了我们要出一套食用菌种植能手谈经与专家点评相结合,实践与理论相统一的丛书的决心与信心。

　　为保障本套丛书的实用性与先进性,我们在选题策划时,打破以往的出版风格,把主要作者定位于全国各地的生产能手(状元、把式)及食用菌生产知名企业的技术与管理人员。

　　本书的"能手",就是全国不同地区能手的缩影。

　　为保障丛书的科学性、趣味性与可读性,我们邀请了全国从事食用菌科研与教学方面的专家、教授,对能手所谈之经进行了审读,以保证所谈之"经"是"真经"、"实经"、"精经"。

　　为保障读者一看就会,会后能用,一用就成,我们又邀请了国家食用菌产业技术体系的专家学者,对这些"真经"、"实经"、"精经"的应用方法、应用范围等进行了点评。

　　本套书从策划到与读者见面,其间两易大纲,数修文稿。丛书主编河南省农业科学院食用菌研究开发中心主任康源春研究员,多次同该套丛书的编辑一道,进菇棚,访能手,录真经……

　　参与组织、策划、写作、编辑的所有同志,均付出了大量的心血与辛勤的汗水。

　　愿本套丛书的出版,能为我国食用菌产业的发展起到促进和带动作用,能为广大读者解惑释疑,并带动食用菌产业的快速发展,为生产者带来更大的经济效益。

　　但愿我们的心血不会白费!

序

　　食用菌产业是一个变废为宝的高效环保产业。利用树枝、树皮、树叶、农作物秸秆、棉子壳、玉米穗轴、牛粪、马粪等废弃物进行食用菌生产，不但可以增加农业生产效益，而且可减少环境污染，可美化和改善生态环境。食用菌产业可促进实现农业废弃物资源化发展进程，可推进废弃物资源的循环利用进程。食用菌生产周期短，投入较少，收益较高，是现代农业中一个新兴的富民产业，为农民提供了致富之路，在许多县、市食用菌已成为当地经济发展的重要产业。更为可贵的是食用菌对人体有良好的保健作用，所以又是一个健康产业。

　　几千亿千克的秸秆，不只是饲料、肥料和燃料，更应该是工业原料，尤其是食用菌产业的原料。这一利国利民利子孙的朝阳产业，理应受到各界的重视，业内有识之士更应担当起这份重任，从各方面呵护、推助、壮大它的发展。所以，我们需要更多介绍食用菌生产技术方面的著作。

　　感恩社会，感恩人民，服务社会，服务人民。受中原农民出版社之邀，审阅了其即将出版的这套农民科普读物，即"新型职业农民书架丛书·食用菌种植能手谈经与专家点评系列"丛书的书稿。

　　虽然只是对书稿粗略地读了一遍，只是同有关的作者和编辑进行了一次简短的交流，但是体会确实很深。

　　读过书，写过书，审阅过别人的书稿，接触过领导、专家、教授、企业家、解放军官兵、商人、学者、工人、农民，但作为农业战线的科学家，接触与了解最多的还是农民与农业科技书籍。

　　在讲述农业技术不同层次、多种版本的农业技术书籍中，像中原农民出版社编辑出版的"新型职业农民书架丛书·食用菌种植能手谈经与专家点评系列"丛书这样独具风格的书，还是第一次看到。这套丛书有以下特点：

1. 新。邀请全国不同生产区域、不同生产模式、不同茬口的生产能手（状元、把式）谈实际操作经验，并配加专家点评成书，版式属国内首创。

2. 内容充实，理论与实践有机结合。以前版本的农科书，多是由专家、教授（理论研究者）来写，这套书由理论研究者（专家、教授）、劳动者（农民、工人）共同完成，使理论与实践得到有机结合，填补了农科书籍出版的一项空白。

（1）上篇"行家说势"。由专家向读者介绍食用菌品种发展现状、生产规模、生产效益、存在问题及生产供应对国内外市场的影响。

（2）中篇"能手谈经"。由能手从菇棚建造、生产季节安排、菌种选择与繁育、培养料选择与配制、接种与管理、常见问题与防治，以及适时收、储、运、售等方面介绍自己是如何具体操作的，使阅读者一目了然，找到自己所需要的全部内容。

（3）下篇"专家点评"。由专家站在科技的前沿，从行业发展的角度出发，就能手谈及的各项实操技术进行评论：指出该能手所谈技术的优点与不足、适用区域范围，以防止读者盲目引用，造成不应有的经济损失，并对能手所谈的不足之处进行补正。

3. 覆盖范围广，社会效益显著。我国多数地区的领导和群众都有参观考察、学习外地先进经验的习惯，据有关部门统计，每年用于考察学习的费用，都在数亿元之多，但由于农业生产受环境及气候因素影响较大，外地的技术搬回去不一定能用。这套书集合了全国各地食用菌种植能手的经验，加上专家的点评，读者只要一书在手，足不出户便可知道全国各地的生产形式与技术，并能合理利用，减去了大量的考察费用，社会效益显著。

4. 实用性强，榜样"一流"。生产一线一流的种植能手谈经，没有空话套话，实用性强；一流的专家，评语一矢中的，针对性强，保障应用该书所述技术时不走弯路。

这套丛书的出版，不仅丰富了食用菌学科出版物的内容，而且为广大生产者提供了可靠的知识宝库，对于提高食用菌学科水平和推动产业发展具有积极的作用。

中国工程院院士
河南农业大学校长

下篇 **专家点评** ··································· ▷

　　种植能手的实践经验十分丰富,所谈之"经"对指导生产作用明显。但由于其自身所处工作和生活环境的特殊性,也存在着一定的片面性。为保障广大读者的权益,特聘行业专家针对种植能手所谈之"经"进行解读和点评,请大家用心阅读。

本节介绍了草菇的采收分级、加工、销售,如何延长草菇的货架期,增加其附加值,是本节探讨的重点。

草菇在生产发育过程中常受到病、虫等侵害,生产者进行细心观察,及时发现并采取正确治疗措施,是有效降低生产损失的最好方法。

本书主要是介绍草菇种植能手的栽培实践经验和相关专家的点评,而在这里介绍草菇的食用方法似乎离题太远。但从整个产业链的角度考虑,这其中大有深意:好吃,吃好会多消费,进而必定促进多生产。因此,多多了解草菇的美食方法,并用各种方式告知消费者,对从根本上促进草菇生产有着重要意义。

上篇

行家说势

　　草菇是一种喜温、喜湿型的高温草腐真菌。种植起源于中国，素有"中国蘑菇"之称，其营养丰富、味道鲜美。种植周期是所有食用菌种植周期中最短的一种。因此，草菇受到越来越多消费者和生产者的青睐。

康源春简介

康源春,河南省农业科学院食用菌研究开发中心主任,国家食用菌产业技术体系郑州综合试验站站长,兼河南省食用菌协会副理事长。

参加工作以来一直从事食用菌学科的科研、生产和示范推广工作,以食用菌优良菌种的选育、高产高效配套栽培技术、食用菌病虫害防治技术、食用菌工厂化生产等为主要研究方向,在食用菌栽培技术领域具有丰富的实践经验和学术水平。

康源春(中)在韩国首尔授课后同韩国专家(右)、意大利专家(左)合影留念

张玉亭简介

张玉亭,研究员,河南省农业科学院植物营养与资源环境研究所所长,河南省现代农业产业技术体系食用菌创新团队首席专家。

长期从事植物保护、农业资源高效利用、食用菌栽培技术等领域的科学研究,具有较高的学术水平和管理水平。

张玉亭研究员在食用菌大棚指导生产

草菇有着独特的生物学特性和营养保健功能，了解其生物学特性、生活史和营养保健功能，不但能减少生产者的盲目性，而且能避免生产者因"知其然，而不知其所以然"而造成的生产损失，并且有利于生产者向消费者介绍草菇的食用价值，从而推动产业发展。

草菇[*Volvariella volvacea*(Bull.) Singer.],又名稻草菇、兰花菇、美味苞脚菇、麻菇、中国蘑菇等。草菇是生长在热带、亚热带高温多雨地区的一种高温型腐生真菌,一般腐生在温暖潮湿的稻草、麦秸、蔗渣及其他禾本科死亡的植物体上。在自然界中,成熟的草菇子实体产生的担孢子弹射到空中或地面上,通过风吹或动物的携带,广泛分布在自然界中,一旦遇到适宜的环境条件,担孢子便会萌发、生长,进一步形成子实体,进行周而复始的生长繁衍;如果条件不适宜,担孢子便难以萌发,即使萌发、生长,也难以形成子实体。草菇种植主要集中于中国和东南亚地区,我国是最早进行人工栽培草菇的国家,已有300余年的栽培历史。

（一）草菇的生物学特性

1. 草菇的生理结构　草菇由菌丝体和子实体两部分组成。

（1）菌丝体　菌丝体由许多菌丝交织而成,是草菇的营养器官,它在基质中吸收营养,不断生长、繁殖,有吸收、输送和积累物质的作用。菌丝无色透明,细胞长46～400微米,平均217微米,宽6～18微米,平均10微米,被隔膜分隔为多细胞菌丝,不断分枝蔓延,互相交织形成疏松网状菌丝体,见图1。

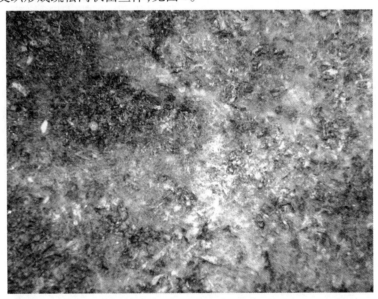

图1　菌丝体

细胞壁厚薄不一,含有多个核,无孢脐,贮藏许多养分,呈休眠状态,可抵抗干旱、低温等不良环境,待到适宜条件下,在细胞壁较薄的地方突起,形成芽管,由此产生的菌丝可发育成正常子实体。菌丝体按其发育和形态分为初生菌丝和次生菌丝。初生菌丝为单核菌丝,是由担孢子在适宜条件下萌发形成的;次生菌丝是初生菌丝生长分枝后相互融合而成的双核菌丝,比初生菌丝生长得更快、更茂盛。在琼脂斜面及稻草、棉子壳等培养基上,大多数次生菌丝体能形成厚垣孢子。

厚垣孢子是草菇菌丝生长发育到一定阶段的产物。其细胞壁较厚,对干旱、寒冷有较强的抵抗力。厚垣孢子通常呈红褐色,细胞多核,大多数连接在一起成链状,见图2。

厚垣孢子是草菇菌丝体某些细胞膨大所致,膜壁坚韧,成熟后与菌丝体分离。当温度、湿度条件适宜时,厚垣孢子能萌发成菌丝。

图2　厚垣孢子

（2）子实体　由菌丝体扭结发育而成,是草菇的繁育器官,也是人们食用的部分。一般子实体由菌盖、菌柄、菌褶、外膜、菌托等构成,子实体上部灰黑色,向下颜色渐浅,接近白色,见图3。

图3　子实体

上篇　行家说势

1) 外膜　又称包被、脚包,顶部灰黑色或灰白色,往下渐淡,基部白色,未成熟子实体被包裹其间,随着子实体增大,外膜遗留在菌柄基部而成菌托,见图4。

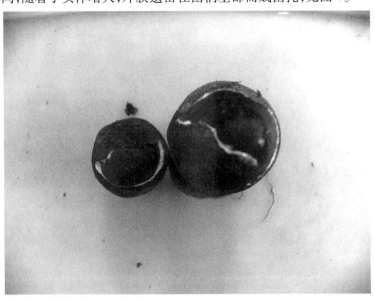

图4　外膜

2) 菌柄　中生,顶部和菌盖相接,基部与菌托相连,圆柱形,直径0.8~1.5厘米,长3~8厘米,充分伸长时可达8厘米以上,见图5。

图5　菌柄

3) 菌盖　着生在菌柄之上,张开前钟形,展开后伞形,最后呈碟状,直径5~12厘米,大者达21厘米;鼠灰色,中央色较深,四周渐浅,具有放射状暗色纤毛,有的具有凸起三角形鳞片,见图6。

图6　菌盖

4）菌褶　位于菌盖腹面，由280～450个长短不一的片状菌褶相间地呈辐射状排列，与菌柄离生，每片菌褶由3层组织构成，最内层是菌髓，为松软斜生细胞，其间有相当大的胞隙；中间层是子实基层，菌丝细胞密集面膨胀；外层是子实层，由菌丝尖端细胞形成狭长侧丝，或膨大而成棒形担孢子及隔孢。子实体未充分成熟时，菌褶白色，成熟过程中渐渐变为粉红色，最后呈深褐色，见图7。成熟的子实体，会散落出大量的担孢子。

图7　菌褶

5）菌托　是子实体外包皮（菌膜）的残留物，在子实体幼期起保护菌盖和菌柄的作用，随着子实体的生长而被顶破，残留在菌柄基部，像一个杯状物，托着子实体，见图8。

2. 草菇的生活史 草菇有性繁殖中约有 76% 的孢子属于同宗结合,24% 的孢子属于异宗结合,草菇菌丝没有锁状联合。在菌丝生长发育过程中常出现厚垣孢子,厚垣孢子是无性孢子,在环境条件适宜时又重新萌发成菌丝。成熟的草菇子实体会从菌褶里面散发出孢子,孢子会重新萌发成菌丝,菌丝经过结合、扭结,形成瘤状突起,从而进一步发育形成子实体,子实体成熟后又产生孢子,从而形成了一个完整的生活史循环。

(1)菌丝生长发育过程 担孢子成熟散落,在适宜环境下吸水萌发,突破孢脐长出芽管,多数伸长几微米或几十微米,少数 1.9 微米后便产生分枝,担孢子内含物进入芽管,最后剩下 1 个空孢子。细胞核在管内进行分裂。孢子萌发后 36 小时左右芽管产生隔膜形成初生菌丝,

图 8 菌托

但很快便发育为次生菌丝,并不断分枝蔓延,交织成网状体。播种后,形成次生菌丝体,然后形成子实体原基,最后形成子实体。

(2)子实体发育过程 子实体的生长发育过程可分针头期、小纽扣期、纽扣期、蛋形期、伸长期和成熟期,见图 9。

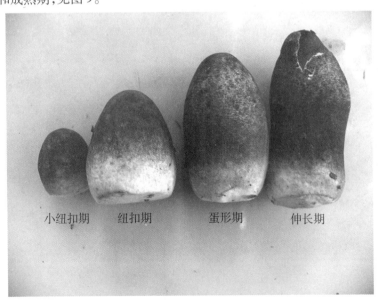

小纽扣期　纽扣期　　蛋形期　　伸长期

图 9 子实体发育过程

1)针头期　部分次生菌丝体进一步分化为短片状,扭结成团,形成针头般的白色或灰白色子实体原基,尚未具有菌柄、菌盖等外部形态,见图10。

图10　针头期

2)小纽扣期　料面上出现圆形或椭圆形的幼小菇蕾,形似小纽扣,见图11。

图11　小纽扣期

3)纽扣期　菇蕾形似纽扣,菌盖明显增大,菌柄稍伸长,菌膜变薄,见图12。

4)蛋形期　各部分组织迅速生长,外膜开始变薄,子实体顶部由钝而渐尖,像鸡蛋,轻捏菇体有弹性,盖灰黑色,而基部白色,见图13、图14。从纽扣期进入蛋形期时间为1～2天,是商品采收适期。

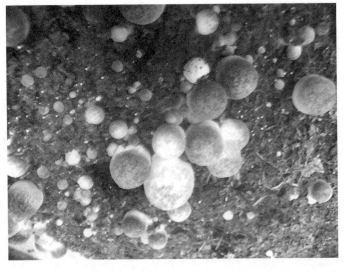

图 12　纽扣期

图 13　蛋形期

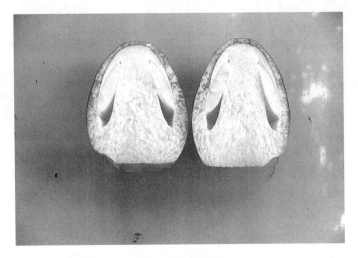

图 14　蛋形期剖面图

5）伸长期（破膜）　菌柄、菌盖等继续伸长和增大，把外膜顶破，开始外露于空间，菌膜遗留在菌柄基部成为菌托，见图15、图16、图17。

图15　伸长初期

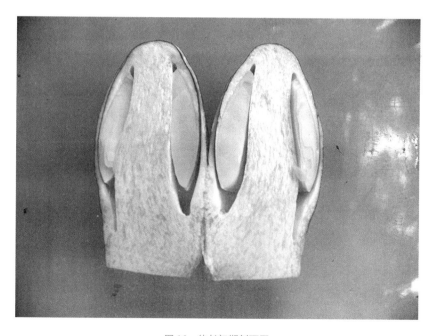

图16　伸长初期剖面图

草菇 种植能手谈经

图17 伸长期

6）成熟期 菌盖撑破子实体外包皮（菌膜），菌柄伸长犹如一把撑开的伞，见图18。

图18 成熟期

3. 草菇生长发育所需要的条件

（1）营养 营养是草菇子实体形成和生长发育的物质基础。草菇是一种腐生性真菌，主要依靠菌丝分解纤维素、半纤维素，吸收碳水化合物和含氮化合物，以及少量无机盐、维生素和生长激素等。麦秸种植草菇见图19。

图 19　麦秸种植草菇

1）碳源　是草菇生长最重要的营养成分之一,是构成草菇细胞和新陈代谢中最为重要的营养物质,稻草、麦秸、废棉、棉子壳等农作物副产品都是种植草菇的良好碳源,草菇菌丝通过纤维素酶和半纤维素酶,将其纤维素和半纤维素降解为葡萄糖后加以吸收利用。草菇栽培种植应选择无霉烂变质的各种原料,另外,甘蔗渣、黄豆秸、青茅草、花生藤等都可以作为栽培草菇的原料。

2）氮源　也是草菇生长最重要的营养成分之一。能为草菇生长发育提供的氮源有无机氮和有机氮两大类,无机氮主要是硫酸铵、硝酸铵等无机盐;有机氮主要是尿素、氨基酸、蛋白胨、蛋白质等,草菇菌丝可以直接吸收氨基酸、尿素等小分子有机氮,不能直接吸收蛋白质等高分子有机氮。营养丰富的草菇培养料的碳氮比是 20:1,添加适量的氮源物质是提高草菇产量的关键,生产上常选用干牛粪、鸡粪、鸭粪、麸皮、玉米粉、米糠等作为补充氮源的辅助料。

3）矿质元素　草菇生长所需的矿质元素主要有磷、钾、钙、镁、硫等无机盐,常用的无机盐有磷酸二氢钾、磷酸氢二钾、硫酸镁、硫酸钙、碳酸钙等。

（2）温度　草菇是一种喜热性的高温结实真菌,孢子在 25～45℃均能萌发,以 40℃萌发最为适宜。其菌丝体生长温度为 10～42℃,最适温度为 33～35℃,低于 10℃或高于 42℃菌丝生长会受到抑制,低于 5℃或高于 45℃时会导致菌丝死亡;子实体生长所需温度为 28～35℃,最适温度为 30℃左右,低于 25℃或高于 35℃时不适宜子实体形成,甚至会导致子实体死亡。

草菇生长发育的不同时期对温度的要求和反应是不一样的。草菇菌丝体时期适宜温度相对整个生长发育过程而言是较高的,低温不利于菌丝体的生长发育,但子实体分化的适宜温度相对就比较低一些,最适宜的分化温度为 26～30℃,也就是说,在此温度范围内最有利于草菇原基的形成,草菇子实体原基形成后最适宜的生长温度范围在

$28 \sim 35$℃,温度过高或过低均不利于草菇的生长。因此,生产种植过程中应根据草菇的生长发育对温度需求的特点,对培养料、种植场所进行合理控温。

（3）水分　水分是草菇菌丝和子实体细胞的重要组成部分,草菇的不同生长发育时期对水分的要求是不一样的。

1）菌丝体生长阶段　此时水分主要是指培养料的水分含量,要求培养料中适宜的含水量为 $65\% \sim 70\%$,即通常 100 千克的干料需加水 $125 \sim 130$ 千克(在培养料水分不散失的理想状态下的水分添加量)。

值得注意的是:①培养料水分含量不宜过低,一旦水分含量低于 30%,菌丝则无法生长;②培养料水分含量不宜过高,一旦水分含量超过 70%,培养料透气性变差,菌丝生长速度变慢,而各种杂菌在高湿条件下会很快繁殖,从而影响草菇的种植成功率。

2）子实体生长发育阶段　要求生长环境得保持较高的空气相对湿度,一般草菇子实体生长阶段空气相对湿度应保持在 85% 以上,最好保持在 90% 左右。

值得注意的是:①空气相对湿度不宜过低,一旦低于 50% 以下,草菇子实体便会停止生长发育,严重时正在生长的子实体原基也会枯死;②草菇生长场所空气相对湿度也不适宜过高,一旦超过 95%,不仅容易引起各种杂菌的感染,而且还会影响草菇正常的生长发育,更为严重的会造成草菇的大面积死亡。因此,保持适宜的空气湿度是草菇正常生长的关键条件之一。

（4）空气　草菇为好氧性真菌,无论是菌丝体生长还是子实体生长都要呼吸消耗氧气,排出二氧化碳。正常情况下,空气中的含氧量一般在 21%,二氧化碳的含量约为 0.03%,在整个草菇生产种植过程中,受草菇的呼吸作用的影响,势必会引起空气中的二氧化碳浓度的增高,特别是在温度较高时,草菇的呼吸代谢更为旺盛,需要消耗大量的氧气。

在草菇的生长发育过程中要求充分的氧气供应,如果空气中的氧气含量不足,就会抑制菌丝的生长和子实体的发育;在菌丝生长阶段和子实体分化阶段,草菇对氧气的需求量相对较低,此时二氧化碳的浓度可适当提高,适当提高二氧化碳(一般可提高到 $0.034\% \sim 0.1\%$)反而能一定程度地抑制各种杂菌的发生和促进草菇子实体原基的形成;而在草菇子实体原基形成后,草菇对氧气的需求就会急速增加,高浓度的二氧化碳则会对子实体有毒害作用,容易引起草菇畸形发育,严重的会引起草菇的大面积死亡。因此,生产种植中合理控制通风量,也是草菇取得高产优质的关键条件之一。

（5）光照　草菇菌丝体生长阶段不需要光照,子实体生长阶段必须有适宜的散射光。在菌丝生长阶段,较强的光照对草菇菌丝有毒害作用,会抑制菌丝的生长,因此,在菌丝体阶段一定要注意采取避光措施;但进入子实体生长阶段,适当的光照对子实体的形成有促进作用,对草菇的品质和菇体颜色也有较大的影响,一般情况下,光照越强,子实体颜色越深且有光泽,反之则色浅且暗淡,因此,在子实体阶段,合理调节光照的强弱是提高草菇品质的重要措施。

（6）酸碱度　草菇喜在微碱性的环境中生长,菌丝体生长适宜的 pH 为 $7.5 \sim 8$,子实体生长适宜的 pH 为 8。由于草菇生长过程中培养料的 pH 会逐渐下降,为了使菌丝体生长在合适的 pH 范围之内,在配制草菇培养料时一定要添加适量的石灰或者碳酸钙等碱性物质,将培养料的 pH 调至 9。

诚告家行

草菇生长发育的条件包括营养、温度、水分、空气、光照、酸碱度等因子,在栽培管理中必须满足这六个主要条件,才能保证草菇种植的高产、优质。

(二)国内外发展简史

1. **国内种植** 有史料为证,草菇起源于中国,距今已有 300 多年的历史。道光二年(1822 年)阮元等纂修《广东通志 土产篇》旨《舟车闻见录》:"南华菇:南人谓菌为蕈,豫章、岭南又谓之菇。产于曹溪南华寺者名南华菇,亦家蕈也。其味不减于北地蘑菇。"道光二十三年(1843 年)黄培燦纂修《英德县志 物产略》中也有同样记述:"南华菇:元(原)出曲江南华寺,土人效之,味亦不减北地蘑菇。"又据福建《宁德县志》载:"城北瓮窑禾朽,雨后生蕈,宛如星斗丛簇竞吐,农人集而投于市。"可见,草菇原本是生长在南方腐烂禾草上的一种野生菌,由南华寺僧人首先采摘食用的。1962 年以后,香港中文大学张树庭教授和中国著名真菌学家邓叔群教授对草菇进行一系列调查研究:从田间栽培技术和菇农的调查访问开始,继而开展生理学、细胞学、形态和遗传的生物研究,丰富了草菇基础研究,为草菇人工栽培积累了宝贵的理论基础。

随着食用菌科学技术发展,人工栽培草菇的区域已从我国南方主栽区逐渐北移。河南省新乡市农业科学院苗长海研究员在 20 世纪 80 年代初期,先后两次分别从武汉、长沙等地引进草菇母种,经扩繁成原种进行栽培试验,并以棉子壳代替稻草作培养料,试验获得成功,"草菇北移引种试验研究"项目 1985 年获新乡市科技进步三等奖。草菇目前已成为华北地区常见的食用菌栽培品种,草菇的栽培技术已推广至周边各省。近几年河南省草菇生产规模不断扩大,2006 年鲜菇产量达到 3.5 万吨,成为重要的草菇生产省份。现在全国各地几乎都有栽培草菇。

2. **国外种植** 中国是草菇的发源地,1934 年,经华侨传入马来西亚、缅甸等国,然后主要在东南亚各国种植,目前菲律宾、泰国、印度尼西亚、新加坡、日本及非洲的尼日利亚、马达加斯加等国家均有栽培,在国际市场上享有"中国蘑菇"的声誉。

虽然草菇种植起源于中国,在全国各地均可以种植,但草菇种植还存在很多技术问题,并且管理水平也是影响草菇优质、丰产的重要因素。

(三)营养与保健功能

1. 营养价值　草菇味道鲜美、香味浓郁、营养丰富,有"素中之荤"、"放一片、香一锅"的美称,是一种低脂肪、高蛋白、富含多种维生素、多糖、无机盐的食品。

(1)蛋白质　草菇蛋白质含量丰富,按干重计算为 25.9% ~ 29.63%,与双孢蘑菇(23.9% ~ 34.8%)、美味牛肝菌(29.7%)相近,比牛奶(25%)略高,明显高于大米(7.3%)、小麦(13.2%),是国际公认的优质蛋白质来源。草菇所含粗蛋白质超过香菇,其他营养成分与木质类食用菌也大体相当。具有抑制癌细胞生长的作用,特别是对消化道肿瘤有辅助治疗作用,能加强肝肾的活力,能够减慢人体对碳水化合物的吸收,是糖尿病患者的良好食品。

(2)脂肪　草菇所含的脂肪总量为 2.24% ~ 3.6%,其中非饱和脂肪酸占到 85%,非饱和脂肪酸不但能抑制人体对胆固醇的吸收,而且能促进胆固醇的分解,降低血液中胆固醇的浓度,有利于预防心血管疾病。饱和脂肪酸则能促进人体对胆固醇的吸收,使血液中的胆固醇含量增高,并相互结合形成沉淀,是血管硬化等疾病的主要原因,肉类中含有大量的饱和脂肪酸,饮食中,过多食用肉类食品会对人体不利,但草菇则无此弊端。

(3)维生素　草菇含有丰富的维生素,每 100 克鲜草菇中含维生素 C 158 ~ 206 毫克,比橙子高出 4 ~ 6 倍,另外还含有丰富的维生素 D、生物素等。维生素 C 不但能促进人体新陈代谢,提高机体免疫力并能消食去热,滋阴壮阳,增加乳汁,防止坏血病,促进创伤愈合,护肝健胃,增强人体免疫力,而且还具有解毒作用,如铅、砷、苯进入人体时,可与其结合,形成抗坏血元,随小便排出,是优良的食药兼用型的营养保健食品。

(4)氨基酸　草菇中共含有 17 种氨基酸,其中包括人体必需的 8 种氨基酸,且必需氨基酸总含量达到 29.1% ~ 38.2%。

(5)无机盐及多糖等　草菇中含有多种丰富的无机盐,其无机盐含量达到 13.8%(占干物质重量),是比较好的无机盐来源(无机盐可以使骨骼结构具有一定强度和硬度,可以激活酶系统,对肌肉和神经的应激性起到特殊的作用);同时,草菇中还含有硒,硒具有抗衰老、增强人体免疫功能、预防肿瘤、预防心血管疾病等功效。

草菇中含有多糖类物质,多糖具有重要的生物免疫调节活性,能够抑制癌细胞的生长和扩散,是一种比较理想的非特异性免疫促进剂。

2. 保健功能　草菇营养丰富、食用风味清新独特,是一种具有药用与保健功效的兼用型美味食品。中医认为草菇性寒味甘,能消食祛热,补脾益气,清暑热,增强人体免疫力等多种功效。总之,草菇可以入药,经常食用对人体具有良好的保健功效,且多种功效是许多食品和药物无法替代的,这也是草菇深受人们喜爱的主要原因,更是草菇的产销能不断扩大的重要原因之一。

1.选购草菇产品时,无论是鲜品、罐头制品还是干制品,都应以菇身粗壮均匀、质嫩、菇伞未开或开伞小的质量为好。

2.选择干制品时,最好选择菇身干燥的干制品,严防含有霉变和杂质的干制。

3.草菇还是糖尿病患者的良好食品,但寒性哮喘患者应忌食。

行家说药

二、草菇生产特点与存在问题 ····················◆

目前,草菇栽培已在我国形成固定生产区域,各产区都具备地理、资源、气候等不同优势,同时也不同程度地存在一些问题,望生产者能扬长避短合理调控。

（一）国内各生产区域的生产特点

1. **季节性栽培** 草菇作为高温菇,菌丝生长和子实体生长均需要25℃以上温度条件。因此,国内大部分地区栽培草菇主要还是选择在每年炎热的夏季进行,黄河以北地区以一季一茬或两茬种植为主,长江以南地区以一季两茬或多茬种植为主。

2. **种植周期短** 草菇是食用菌中收获最快的一种,从播种到采收只需要14天左右,一个栽培周期只要20~30天。

3. **生产投入低**

(1)对栽培条件要求低 常规季节种植,无需特殊设备,室内、室外都可以栽培。

(2)栽培原料价廉易得 草菇可以利用农副产品如棉子壳、稻草、甘蔗渣、麦秸、玉米秸秆、玉米芯、废棉以及种植鸡腿菇后的废料和食用菌工厂化生产金针菇、杏鲍菇的废菌包等作为栽培原料。

4. **商品价格高** 在夏季高温炎热的天气是多种食用菌常规生产的淡季,其他食用菌种植很少,新鲜草菇的上市,填补了市场食用菌鲜品市场,丰富了人们的菜篮子;同时草菇味道鲜美、营养丰富并特别适合中国人口味。因此,新鲜草菇售价较高。

5. **经济效益好** 一般种植一个333米^2(0.5亩)地的塑料大棚,以麦秸为主料(约用6吨麦秸),一般投资3 000元,可以产鲜菇1 500千克,按照市场批发价7~8元/千克计算,可实现产值1万~1.2万元,利润7 000~9 000元;以食用菌工厂化生产金针菇、杏鲍菇的废菌包为主料,一般投资2 000元,产鲜菇不低于1 500千克,经济效益要超过麦秸作栽培原料。

 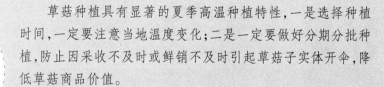

草菇种植具有显著的夏季高温种植特性,一是选择种植时间,一定要注意当地温度变化;二是一定要做好分期分批种植,防止因采收不及时或鲜销不及时引起草菇子实体开伞,降低草菇商品价值。

（二）国内草菇生产存在的问题

1. **新的生产材料开发利用率低** 当前草菇种植原料主要还是稻草、麦秸、棉子壳、废棉等原料,由于食用菌种植规模不断扩大、工业和种植业争原料问题凸现和农业机械化收割的快速推广等原因,草菇种植原料价格提高已成为必然趋势,如何加强研发、推广新的种植原料已成为草菇种植研究的一个新课题。

2. **菌种生产不规范、品种混乱** 菌种作为草菇种植的基本生产资料,也是重要生产资料,但在当前生产中存在许多问题,特别是:①生产中使用的品种大多未经过认定,同种异名、同名异种现象繁多,并且品种混乱,假冒伪劣菌种充斥市场;②食用菌生产方式多为分散的农户式栽培,菌种生产也为农户式分散生产,加上没有一定的设备设施及科技的投入,导致菌种生产总体质量低下,无限扩繁现象也较突出;③自行进行组织分离,不经出菇试验便投入生产等。

3. 新品种、新技术更新速度慢　虽然草菇种植起源于中国,但由于受种植季节短的影响,草菇在人工栽培食用菌中,种植规模相对较小,并且受食用菌品种管理不正规、引种较乱等的影响,草菇在新品种选育和种植新技术研发方面投入较少、进展较慢。

4. 草菇单产低,生物学效率低　虽然草菇口感极佳、营养丰富,深受消费者的喜爱,但由于在目前的生产技术水平下,草菇单位面积的产量比较低下,相对平菇、香菇、鸡腿菇、金针菇等多种食用菌而言,这也是阻碍草菇生产的最大问题之一,草菇的生产仍需要在新品种的选育,生产原材料的开发利用及生产管理技术等方面下功夫,这也是食用菌科研工作者及一线的生产者共同需要解决的最大问题。

5. 生产方式落后,产品加工水平低　食用菌种植业同其他行业相比较,政府政策较少、经济扶持力度较小、科技研发投入不够,当前草菇种植还主要停留在一家一户种植。种植户发展草菇种植主要是建立在自身经济实力基础上自行发展种植,整个草菇种植产业存在种植规模小、种植设施相对简单、种植机械化程度低、种植技术更新较慢等现象,因此草菇生产种植方式更新较慢,加工方式还主要停留在简单的盐渍菇、干制菇和清水菇等简单加工上。

诚告家行

虽然草菇种植规模、生产方式和加工水平赶不上平菇、香菇、金针菇、双孢蘑菇等其他食用菌品种,但草菇种植也具有自身独有的特点,特别是独特的耐高温性,是其他食用菌品种无法相比的,因此草菇在高温季节自然种植中占有显著的优势,并具有独特的种植效益优势。

行家说势

三、草菇生产发展趋势 ----------------------------◆

任何一个产业的形成都会经历由诞生到成熟的发展历程,都有阶段性的发展模式。其发展速度的快慢、前景的好坏,取决于该产品对人类回报率的高低。

学菇 种植能手谈经

（一）草菇的发展模式

1. 不同生产经营模式的演变　我国是世界上草菇主产区之一，历年产量居世界之首。20世纪60年代，我国开始大规模人工栽培，栽培方法和栽培技术均有了较大幅度提高，代替了传统"靠天吃饭"的落后草菇栽培方法；20世纪70年代，广东省率先从优良菌株选育、栽培原料配制和生产管理技术等方面进行研究，推动了草菇栽培管理技术的创新，1979年，草菇全国总产量达3.8万吨，占全世界草菇总产量的77%；20世纪80年代，草菇栽培技术由旧法栽培发展到新法栽培，栽培方式由单一的室外栽培发展到室内和塑料大棚栽培，栽培原料也由单一的稻草栽培发展到多种、混合原料栽培，使草菇种植面积、区域、范围不断扩大，并出现"草菇种植北移"现象，草菇种植技术达到长足发展；进入20世纪90年代中后期，草菇栽培技术达到了突飞猛进的发展、创新，草菇的熟料、半熟料栽培技术逐步完善，形成了系统化和理论化技术集成，2009年，全国草菇总产量高达40多万吨，已成为农民增收的新的经济增长点，并大量出口欧美等地区。

2. 不同生产经营模式及特点　随着草菇基础研究的不断深入开展，草菇种植、栽培方式也随之不断发生变化，从最初的以草种为人工培养的纯培养菌种，采用稻草生料室外堆式栽培（该方法种植设备简单、种植成本低、管理粗放，产量低而不稳，生物学转化率只有7%），到20世纪70年代采用室内废棉栽培草菇，产量有了大幅度提高。王琪祖、苗长海等采用废棉、棉子壳塑料大棚和室内（蘑菇房）层架立体栽培草菇，使草菇生物学转化率又得到进一步提高，达到10%～14%，接近稻草室外种植的2倍；20世纪80年代，在广州开始采用保温泡沫板房或砖瓦房床架栽培，该种方法保温、保湿性好，建造简单、产量高，可以进行集约化工厂栽培，也可以利用农舍改建菇房；进入20世纪90年代，开始研究培养料灭菌方式，经历了一次堆料发酵、二次堆料发酵加巴氏灭菌、室内巴氏灭菌消毒等处理方式，以稻草为主料经二次发酵床架式栽培草菇，草菇生物学转化率可达15%～20%，广东等地推广的室内巴氏灭菌消毒处理栽培法，以废棉为主料一年可以种18～20个周期，生物学转化率可达25%～35%。

　　草菇种植技术日趋完善，种植规模逐年扩大，但我国草菇产业仍存在产品单一、附加值低、育种技术落后和保鲜加工技术未突破等现象。

（二）草菇市场需求分析

1. 宏观环境分析　草菇是一种世界性栽培的食用菌，约占世界食用菌总产量的5%，发展前景非常好。我国不仅是最大草菇生产国，还是最大出口国，速冻草菇、干草菇、腌渍菇和草菇罐头远销港澳、东南亚、日本及北美,在国际市场上享有极高声誉,国内外需求量极大,发展前景广阔。同时,种过草菇的稻草、棉子壳等剩余菌渣还可以种植双孢蘑菇、金福菇等珍稀食用菌,也可以经发酵处理后作优质有机肥或生产生物有机肥。生物有机肥含有大量有益微生物,其活动能调节土壤根际微生态环境,改良土壤耕性,促进作物营养的平衡吸收,补充土壤养分,提高肥料利用率,改善农产品品质,降低环境污染,是今后农业增产、提高品质,农产品绿色化、有机化的重要措施。

2. 市场未来发展前景 随着国民经济的快速发展和国家对农业投入的大幅度增加,再加上草菇种植具有显著的种植原料来源广、生产成本低、生产周期短、栽培技术逐步完善和营养丰富、味道极鲜等特点,草菇种植、消费优势会更加突出,草菇种植前景不仅广阔,并且加工、消费市场也会得到快速提升并飞跃发展。

草菇栽培原料经高温发酵、巴氏灭菌等处理,杀灭了病菌、虫源,整个栽培过程几乎无病虫害发生,不施任何化肥、农药,是消费者真正可以放心食用的绿色、有机、健康的食品,符合人类生活需要,发展潜力巨大。

上篇 行家说势

诚告家行

草菇为高温食用菌,需求市场每年都在快速增加,市场前景、潜力非常看好,但常温下鲜品保鲜期2~3天,购买后应当天食用,不能留至第二天,也不宜放在冰箱保存;如留至第二天,常温下菇体易开伞,放在冰箱中菇体易出水(自溶),菇体开伞及出水均影响草菇的鲜、脆风味,如确需存放使用,最好将菇体洗净切开,在开水中煮3~5分,杀死活细胞后再存放。

中篇

能手谈经

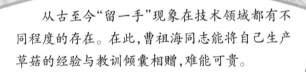

从古至今"留一手"现象在技术领域都有不同程度的存在。在此，曹祖海同志能将自己生产草菇的经验与教训倾囊相赠，难能可贵。

谈经能手代表简介

种植能手曹祖海,河南省新乡市凤泉区人。1980年开始从事草菇生产,目前每年种植近5万千克培养料,年经济效益在10万元左右,2009年被新乡市高效农业技术能手评审委员会评为"河南省新乡市高效农业技术能手"。

一、种菇要选风水宝地

场地对草菇的生长发育影响非常大，不是什么场地都可以种植草菇，要选择适宜草菇生长发育的场所，同时也要求选择的场地大环境洁净、卫生。

（一）场地清洁卫生

1. 选择地势要求　地势高燥、排灌水方便、通风良好、周围环境清洁、空气清新的种菇场地是草菇种植能否成功和产量能否提高的关键因素。因此，种菇场地一定要选择地势较高的地方，避免被雨水淹没；通风良好，在草菇生长发育过程中能够及时调节出菇场地的热量和空气含氧量；空气清新，能够保证草菇生长发育对新鲜空气的需求，同时又能避免不洁净空气对出菇环境的污染。地处污染区的菇棚，见图20。

图20　处在污染区的菇棚

2. 生产场地要求　生产场地清洁卫生是草菇高产的关键前提，不但利于草菇的生长发育，而且是预防各种病虫害的重要措施，具体表现在：

（1）场地清洁卫生利于预防各种病害　在草菇生长发育过程中，病害的发生无不与场地的环境有关，如果场地环境中有过多利于病菌繁殖的物质和条件，那么这种病菌就会大量繁殖，从而严重影响草菇的生长。如草菇出菇期菇体细菌性病害的发生就是出菇场地通风不良，长时间高温高湿造成的。

（2）场地清洁卫生可以减少各种虫害的发生　种植场地清洁卫生减少了出菇场地各种虫源的数量，从而减少了草菇发菌期、出菇期的各种虫害。

（3）场地清洁卫生是草菇生长发育的需要　草菇的生长发育时刻受到出菇环境的影响，清洁卫生的场地可以使草菇在空气清新的环境中生长，避免了各种病虫害的发生，有利于草菇。

（二）场地周围无污染源

按照产品安全达标要求：生产场地要求5 000米以内无工矿企业污染源；3 000米之内无生活垃圾堆放和填埋场、工业固体废弃物和危险废弃物堆放和填埋场等。

在"三废"污染源附近，一般都会有大量的有害烟雾、废水、粉尘，造成附近空气的严重污染，不但不利于草菇的生长发育，而且会对草菇产品的质量产生严重影响。

1. **热电厂** 会产生大量的有害烟雾、粉尘等有害物质,见图 21,这些有害物质一旦得不到有效处理,便会严重影响周边空气质量,从而不利于食用菌的生产。

2. **造纸厂** 会产生大量的废水,这些废水不但会污染地下水源,而且还会散发有害气体污染空气,见图 22。食用菌生产过程中一旦接触到这些废水及被污染的水源,不但无法保证草菇的食品质量,而且会导致许多生理和非生理病害的发生。

图 21 热电厂排出的烟雾

3. **石料厂** 会产生大量的空气粉尘,严重影响空气质量,见图 23。

图 22 造纸厂排出的废水

图 23 石料厂排出的大量粉尘

另外,许多水泥厂、化工厂、养殖场、垃圾处理站等会产生有害气体、污水的地方都不适宜草菇的生产种植。

(三)方便管理与销售

应选择交通便利,水电齐全,水电供应有保障的地方作为种菇场地。如果这些条件得不到有效保证,不但不利于生产管理,而且必将严重制约草菇的生产种植,水电是生产种植的基本保证,如果无法保证,必将增加种植用工量,增加种植成本;交通便利,不但利于生产需要的各种原料的来往运输,而且利于产品的销售。

忠告家行

场地是生产优质、无污染产品的重要保障,特别是当今社会发展速度日新月异,人们对健康的要求越来越迫切,有污染和有污染疑点的产品在市场上已很难容身,防止产品污染已成为生产的重中之重。

29

中篇 能手谈经

草菇 种植能手谈经

能手谈经

二、为草菇建一个"安乐窝"

做什么事情都需要具备一定的条件,栽培草菇也不例外,同样需要人为营造一个适宜其生长发育的环境。

根据这些年栽培草菇的实践经验,用日光温室、塑料大棚、阳畦、适宜多层种植的砖混结构的菇房均可用来在不同季节种植草菇。但是,种植草菇设施不同,在温度、通风、空气湿度等方面的管理方法也会有所不同,草菇种植者在不熟悉不同出菇场地管理方法的情况下,最好不要擅自改动出菇场地,这主要是因为不同类型的出菇场地的出菇环境控制方法会有所不同,避免因管理不到位而影响生产种植效益。

比如:我在开始种植草菇时,就曾为节约种植成本,在自家闲置的住房内种植 100 米² 的草菇。由于当时未对住房做通风、保温等方面的改造,在出菇期,住房的通风、保温性能较差,导致出菇商品性能差,而且病害发生多,产量较低,致使当年种植的 100 米² 草菇仅出草菇不到 100 千克,不但直接种植成本不能收回,而且还赔进了不少工钱,真是白忙一季还赔钱。

(一)日光温室

温室是节能日光温室的简称,又称暖棚,是我国北方地区独有的一种温室类型,日光温室是采用较简易的设施,充分利用太阳能,主要是白天利用太阳能升温,晚上利用棚体保温的特性,创造适合草菇生长需要的高温、高湿条件,延长草菇种植季节,是我国独有的设施,见图24。日光温室的结构各地不尽相同,分类方法也比较多。按墙体材料

图24　日光温室种植

分,主要有干打垒土温室、砖石结构温室、复合结构温室等;按后屋面长度分,有长后坡温室和短后坡温室;按前屋面形式分,有二折式、三折式、拱圆式、微拱式等;按结构分,有竹木结构、钢木结构、钢筋混凝土结构、全钢结构、全钢筋混凝土结构、悬索结构、热镀锌钢管装配结构等。具体建造方法:参照蔬菜温室大棚修建,宽 8 ~ 8.5 米,长 35 ~ 40 米,北墙高 1.8 ~ 2 米,后坡长 1.5 米,脊高 2.6 ~ 2.8 米,采光面倾斜角为 30° ~ 35°,用砖墙或土墙均可,但后墙每隔 1 米留一离地面 0.5 ~ 0.6 米的高通风口,通风口直径要求不低于 0.25 米。

（二）塑料大棚

塑料大棚是一种简易实用的保护地栽培设施，由于其建造容易、使用方便、投资较少，随着塑料工业的发展，被世界各国普遍采用。塑料大棚是利用竹木、钢材等材料，并覆盖塑料薄膜，搭建而成的，是一种较大规模的室外保护地栽培形式，见图25。

图25　塑料大棚

具体建造方式：建棚材料可因地制宜、就地取材，主要材料是竹竿和木头，棚的形状有圆顶形和屋脊顶形，大棚宽8~8.5米、长20~50米、高1.8~2米，面积为200~400米^2。

（三）阳畦

阳畦又叫地沟，是庭院中或房前屋后的空闲地中开挖的半地下式畦，上面用竹竿或树枝扎成拱形，覆盖薄膜保湿，并覆盖草被遮阴保温，见图26。畦内温度、湿度条件适宜草菇生长，可获得较高产量，具体建造方式是：畦宽2~3米、长10~20米、深0.3~0.5米，挖出的湿土沿畦边垛成土墙，墙高0.5米，骨架拱高1.2~1.5米，从畦底到拱高约1.8米。

图26　拱棚阳畦种植

诚告家行

　　温室大棚保温、保湿性好,塑料大棚次之,阳畦保湿性好,但不易升温;一般在豫北地区,温室大棚一年可以进行 2~3 茬种植,塑料大棚可以进行 2 茬种植,阳畦只能进行 1 茬种植。

中篇　能手谈经

草菇 种植能手谈经

能手谈经

三、生产季节安排

　　草菇作为高温菇，在常温不增加设施情况下，倾向于夏季栽培，可根据当地气候特点略为提前或错后种植，合理选择生产季节，是丰产增收，获得高效益的基础。

在豫北地区的 6~8 月,是适宜草菇在自然条件下生长的季节,可连续栽培 2~3 茬草菇。新乡市位于豫北平原腹地,处东经 113°23′~115°01′,北纬 34°53′~35°50′,海拔 68.9~292.7 米,北部有太行山作屏障,南临黄河,气候为半湿性大陆气候,春、夏、秋、冬四季分明,年均气温 13.5~14℃,年均降水量为 617.8 毫米。

根据新乡地区的自然条件,结合市场对草菇的需求量,我一般把草菇的出菇时间安排在每年的 5 月中旬至 8 月中旬,采用提前备料、分批制种、分批种植、分批出菇的温室生产种植模式,3 个月内可以安排 4~6 次种植。一般第一批草菇种植在 5 月中旬,此时本地区的气温一般在 25℃ 左右,对草菇出菇来说相对较低,利用日光温室白天升温,晚上利用保温被保温的措施,加之此时的最低温度一般都在 20℃ 以上,温室内温度一般都可以控制在 27~33℃,基本满足了草菇生长的温度条件;但到 8 月中旬后,由于昼夜温差较大,白天温度容易控制,但夜晚有时气温较低,结合自身的实际情况,一旦温室内温度低于 26℃,可以采用炉火短时间加温,室温很容易便能控制到 30℃ 左右;特别是进入 9 月,虽说加温也可以将温度控制在 30℃ 以上,但由于室外温度较低,且低温时间较长,采用加温成本过高,因此便不再安排草菇种植了。

在我多年的草菇种植经历中,也曾走过弯路。在 2003 年 8 月底,当时草菇价格居高不下,每千克 12 元,且还有上涨的趋势。由于前期草菇种植我都获丰收,且有可观的收入,因此草菇制种量较多,我想既然有菌种、有原料、市场价格又好,为什么我不再种一批呢?于是,我便很快又安排了 400 米^2 的草菇种植,发菌期由于在温室发菌,基本没什么问题,进入 9 月中旬后,草菇便开始现蕾出菇,我内心窃喜。但谁知由于夜晚温度较低,虽说也采用了炉火加温,但效果仍然不理想,结果导致大批草菇原基死亡,这批草菇基本没有什么产量。这个实例说明,要在自然条件下生产草菇,如果不按适宜的季节安排生产,想种植成功很困难,即使有一定产量,花费的成本也比较高,因此必将遭受经济损失,我希望大家要引以为戒。

生产季节的安排一定要结合当地气温条件,选在温度合适季节进行种植,不可盲目安排。

草菇
种植能手谈经

品种在很大程度上决定着产品的产量、品质及商品性状，优良品种是草菇生产能否获得优质、高效的基础。

选用适合当地气候和种植原料的高产、优质草菇品种,是种好草菇的基础。我种草菇这些年来,最大的感受是:选择适宜当地气候特点的草菇品种是取得种植草菇成功和丰收的前提。

我种过的草菇品种也不少,通过这些年的生产实践,认为适应性强、产量稳定、品质好的品种有以下三个:

1. V23　属黑菇品系大粒种,个体大,菌盖直径9~19厘米,包皮厚而韧,不易开伞,见图27。圆菇率高,可达95%,产量高,适宜鲜食、干制和加工,适合稻草、棉子壳等原料栽培。其缺点是抗外界不良环境能力稍差。

图27　V23

2. V20　属黑菇品系小粒种,菌盖直径6~16厘米,见图28。出菇快,抗外界不良环境能力强,产量高,圆菇率为65%,较耐寒,菌肉片大,味美可口,适宜鲜食,适合稻草、棉子壳等原料栽培。其缺点是个体较小,易开伞,不易干制。

图28　V20

3. 新科 70　野生驯化品种,属黑菇品系大粒种,个体大,包皮厚而韧,不易开伞,见图 29。圆菇率可达 95%,产量高,适宜鲜食、干制和加工,适合玉米秸秆、玉米芯等多种原料栽培。其缺点是抗外界不良环境能力不太理想。

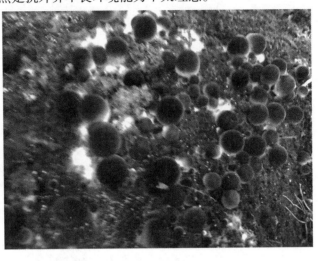

图 29　新科 70

选用品种一定要慎重。2004 年,我从某广告上看到有几个草菇品种介绍得非常好,说这些品种产量高,菇形好,商品价值高,在该地应用广泛等,看过之后我动了心,便从该地方引进了四个品种,每个品种我都种了 100 米²。结果发菌期没什么问题,但在现蕾出菇后,我发现这四个品种没什么区别,且菇形较差,产量也不高。明显比不上我常用的几个品种,种植的 400 米² 草菇不但没赚到钱,反而受到了一定经济损失。因此,在引进新品种时不但要慎重,而且一定要先小面积试种后再决定是否使用该品种大面积种植。

草菇品种较多,同名不同种和同种不同名现象普遍,选用品种时最好是先引种试种后,再进行规模种植;盲目引种,进行大规模种植,风险很大。

能手谈经

五、自制生产用种能省钱 ------------------------◆

　　在大规模种植时,为了节约生产成本,提高栽培效益,可以自制菌种。但栽培者应具备常用的生产设备,并掌握制种的专业技能,及菌种鉴别与保藏的相关知识。

菌种质量是草菇栽培能否获得高产的关键。在选用具有优良性状品种的基础上，采用正确的制种方法和操作规范，才能生产出性状优良的菌种。制种技术是一项认真细致，操作严格的工作，不但要有一定的理论基础，而且要有一定的实践经验，并且还要配备必要的设备。因此，一定要充分认识制种工作的重要性和技术性，千万不可认为制种很简单，按照书本介绍就能生产优质菌种，这是一种错误观念。只有在具备一定的实践经验和配套设备时，并且使用菌种量较大的前提下，才能考虑自己制种；否则一旦生产出不合格菌种，自己又不能及时发现，用于生产后必将造成不可挽回的经济损失，另外，如果菌种使用量不大时自己制种并不能省钱，而且浪费时间。

在种植草菇的第二年，我觉得买菌种费用较高，便想自己生产菌种。但当时我对菌种制作技术仅仅是通过书本有了理论上的了解，根本没有实践经验。从某科研单位购得几支草菇母种后便自行进行试管转接，转接后便按照书本上的培养温度进行发菌培养。由于当时自己没有对母种质量好坏和各种杂菌（带有颜色的杂菌能够辨别）的鉴别能力，母种转接后没有及时观察草菇菌丝萌发情况，杂菌感染的试管没有及时挑出；待到制原种时只将一些感染绿霉、曲霉等有明显特征的试管挑了出来，其余的大部分都转接了原种，结果培养1周后发现原种大都感染了杂菌，有的种块根本就没有萌发。当时我百思不得其解，家里人便劝我去咨询一下市里的有关食用菌专家。我带着一些有问题的和自己认为生长正常的原种找到了食用菌专家，专家仔细观察了我的原种后，便询问我使用母种的情况以及制种中无菌操作的过程，经了解后，专家说原种制作不成功的原因很可能是母种质量的问题，另外我的接种操作不规范，试管转接后应定期地观察母种生长情况，并及时挑出杂菌感染的母种，被感染的母种一旦用于制作原种，就会导致原种感染杂菌，制作原种时一定要用质量较好、无杂菌感染的母种。经专家鉴定我带去的原种没有一瓶生长正常的，全部不能应用于生产，这让我当时大吃一惊，原来生产菌种没有我想得那样简单，不但要有理论，而且还要有一定的实践经验，这样才有可能生产出合格菌种。

（一）草菇的菌种分级

草菇菌种，是指人工培养并进行扩大繁殖后，用于生产的纯菌丝体及其培养基的混合物。根据菌种来源，繁殖的代数及生产的目的，通常将菌种分为母种、原种和栽培种。菌种扩繁过程见图30。

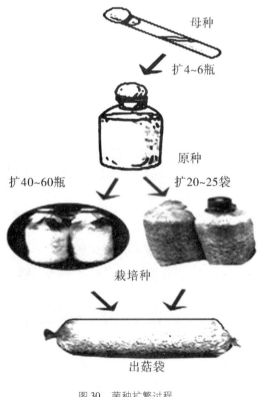

图30 菌种扩繁过程

1. 母种 是经各种方法选育得到的具有结实性的菌丝体纯培养物及继代培养物，也称一级种、试管种，见图31。母种可以自己繁育，也可以从专业科研单位引进经过出菇栽培试验的优良菌株作为生产用种。自己繁育母种，一定要经过严格的出菇栽培试验，掌握菌株的基本生物学特性后，方可大面积投入使用。从科研单位引进菌种，同样一定要了解该菌株的生物学特性。

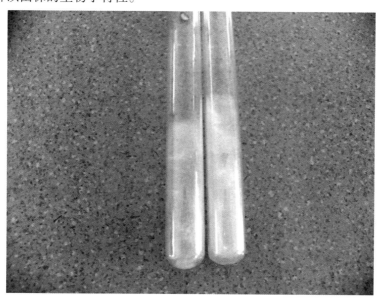

图31 草菇母种

2. 原种 是指由母种移植、扩大培养而成的菌丝体纯培养物，也称二级种，见图32。这一过程有两个目的，一是扩大菌丝的繁殖量，满足大面积生产栽培种的需要；二是检验母种菌丝在不同培养基上的适应性，同时，对菌种也是一个驯化、复壮的过程。

图32 草菇原种

3.栽培种　由原种移植、扩大培养而成的菌丝体纯培养物。栽培种只能用于栽培，不可再扩大繁殖菌种，也称三级种，见图33。栽培种的培养基与原种的培养基可以相同，也可以不同，容器可用菌种瓶，也可用菌种袋。

图33　草菇栽培种

　　由母种到栽培种是一个菌种扩大繁殖的过程，这个过程不是一个无限繁殖的过程，一定要注意分级繁殖，并且还要严格控制母种繁殖代数(不超过5代)，同时禁止原种转扩原种，栽培种转扩栽培种现象。

(二)生产要求及常用设备

1.生产场所要求　选择远离(5 000米)"三废"排放的工厂、垃圾处理站、畜禽养殖场、饲料仓库，周围无污染源，环境清洁，地势高燥，通风良好，交通便利，水电供应有保障的地方作为菌种场。简单菌种场地和规范化菌种场地平面布局见图34、图35。

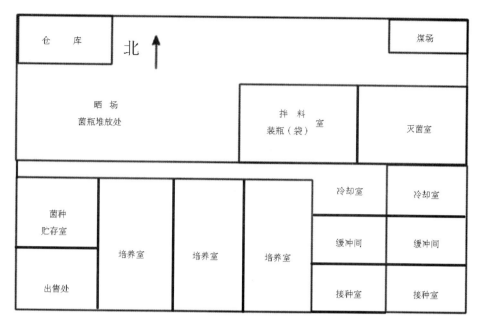

图34 简易菌种场平面布局示意图

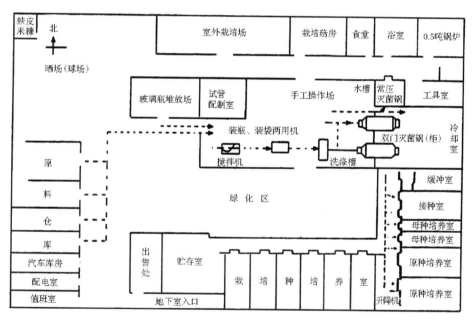

图35 规范化菌种场平面布局示意图

　　简易菌种场的建设,应根据菌种销售量和发展空间的大小合理布局。菌种日生产量要与冷却室、接种室、培养室的面积相适应。培养基的配制、装瓶(或袋)、灭菌、冷却、接种应当一条龙流水作业。筹建菌种场的资金除建筑开支外,重点应放在灭菌、冷却、接种、培养四处的设备和室内标准化设置上。

　　规范化菌种场是指严格按照微生物传播规律,建立起来的菌种场。它除了设备齐全和人员素质较高外,还应在布局上严格按照有菌区和无菌区划分,其中无菌区又有一级无菌区和二级无菌区之分。

2. 工艺流程与操作规范要求

（1）工艺流程 按照培养基的配制—装瓶（或袋）—灭菌—冷却—接种—培养的程序流水作业。室内墙壁要求水泥粉刷、照白，地面要求水泥打制、平整光滑。拌料、装瓶（或袋）机械化完成。

（2）高压灭菌 应选用双门廊式灭菌锅，前门与培养基配制、装瓶（或袋）的有菌区相连，后门与冷却室、无菌区相通。注意，操作过程中，双门不可同时打开，以免对无菌区造成空气污染。

（3）冷却室、接种室和培养室标准 这些场所均为无菌区，其中冷却室、接种室为高度洁净无菌区，要求配置100级空气自净器，使其保持正压状态。原料仓库、晒场为污染源，应设法隔离，以减少对各室造成环境污染。栽培场、实验室、培养基配制室均为有菌区，应保持清洁卫生。

冷却室、接种室、培养室要求用防滑地板砖或水磨石地面，四周墙壁、房顶要进行防潮处理，并安装空气过滤装置和推拉式房门，避免因开、关房门造成空气冲击。冷却室应配备除湿和强制冷却装置，接种室、培养室配置分体式空调。冷却室、接种室、培养室要保持清洁卫生，并定期消毒，工作人员要穿工作服和佩戴工作帽。

（4）对菌种场管理者的要求 应具有过硬专业知识，并经过严格无菌操作训练，对生产过程中的各个环节要了如指掌。定期对工作人员进行技术培训和专业技能考核，避免因技术失误造成严重损失。

（5）对培养基配制、装瓶（或袋）的工具、场地的要求 每天清理1~2次，特别在高温季节，更要注意，以免杂菌滋生。

3. 主要配套设备 菌种场除要有合理的布局外，还应有一定的配套生产设备。生产设备的选型配套，不但决定菌种场的生产规模大小，而且与菌种质量也密切相关。若选育母种，还应具备相应的分离、检测仪器。

（1）实验室 用于检验、鉴别菌种质量，母种培养基的制作，菌种的分离、培养和保藏。室内可设仪器柜、药剂柜、超净工作台、显微镜、电冰箱、恒温箱、培养箱及相关试剂、常用工具和玻璃器皿等。如生产母种常用的工具有：电磁炉、电炉、不锈钢锅、手提式高压锅、电子天平、吊桶等；试剂有：琼脂、葡萄糖、蛋白胨、酵母膏、磷酸二氢钾、磷酸氢二钾、硫酸镁、氢氧化钠、精密 pH 试纸等。

（2）培养基制作设备

1）原料搅拌机 主要用于原种、栽培种和栽培料的搅拌，可明显减轻人工拌料的劳动强度，提高原料均匀度，是生产上必不可少的机械之一，见图36。目前该机型号较多，用户可根据生产情况，自行选择，有条件的也可自制。

图 36　原料搅拌机

2）装袋机　可快速将拌好的培养基装入袋中,是制种、栽培不可缺少的机械。该机具有结构简单、操作方便、功效高等优点,适合栽培草菇使用的装袋机有冲压式和简易立式两种,见图37、图38。

图 37　冲压式装袋机

图 38　简易立式装袋机

（3）灭菌设备

1）高压蒸汽灭菌锅　用于培养基的高压灭菌。有圆筒形和方形两种。圆形又分手提式、立式、卧式三种,均称高压蒸汽灭菌锅。因方形较圆筒形体积大、容量多,均为卧式,故此被称为高压蒸汽灭菌柜。这些设备装有压力表、温度表、放气阀和安全阀,见图39、图40、图41、图42。

图 39　手提式高压蒸汽灭菌锅

图 40　卧式圆形高压蒸汽灭菌锅

图 41　立式高压蒸汽灭菌锅　　　　图 42　方形卧式高压蒸汽灭菌柜

　　手提式灭菌锅一般用于母种试管斜面培养基的灭菌,立式灭菌锅用于母种培养基及瓶装原种培养基的灭菌,卧式圆形和方形可用于原种、栽培种、栽培袋的灭菌。

　　2)常压蒸汽灭菌灶　用砖、石、水泥自行砌制而成,构造简单、造价低廉,利用烧沸锅中的水产生蒸汽进行灭菌,温度一般维持在 98~105℃。灭菌所需时间较长,但容量大,适宜农村和自然季节栽培草菇的基地使用,容量为数百至千瓶(袋)以上。大小和式样可自行设计,常见的常压蒸汽灭菌灶有中小型常压蒸汽灭菌灶、大型常压蒸汽灭菌灶和简易常压蒸汽灭菌灶等。生产者可根据条件和生产量自行设计。常见的常压蒸汽灭菌灶有蒸房式、蒸池式和地面堆积式三种,如图 43、图 44、图 45 所示。

图 43　蒸房式

图44　蒸池式

图45　地面堆积式

3）蒸汽发生器　有立式锅炉和卧式废油桶蒸汽锅炉两种，如图46、图47所示。

图46　立式锅炉

图47　卧式废油桶蒸汽锅炉

（4）接种室与设备

1）接种室　接种室又称无菌室，主要用于移接菌种及栽培袋。接种室应分内外两间，里间为接种间，面积可根据日生产量而定；外间为缓冲间，面积3～5米^2，高度均为2～2.5米，里外间门不宜对开，装上推拉门，要求关闭后与外界空气隔绝，室内地板、墙壁、天花板要平整、光滑，以便于擦洗消毒。室内要设工作台，用于放置酒精灯、常用接种工具。工作台上方要安装可升降的紫外线杀菌灯和日光灯，有条件的可在缓冲间、接种间各安装一台100级的空气净化器，空气净化器需在消毒前打开直到接种结束后方能关闭。因接种面积大，消毒时间一般为30分左右。人员进入接种室前，要戴好口罩和更换经过消毒的衣、帽、鞋，然后进入缓冲间，净化5分后才能进入接种室工作。接种室剖面、平面图见图48。

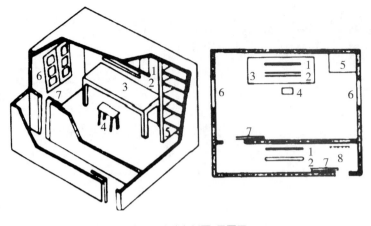

图48 接种室剖面、平面图

1.紫外线灯 2.日光灯 3.工作台 4.凳子 5.瓶架 6.窗户 7.推拉门 8.衣帽钩

2）接种箱 接种箱具有无菌程度高、消毒效果好、使用方便等优点，分双人和单人两种，要求关闭严密、无缝隙，便于密闭熏蒸消毒。双人接种箱的正、反两面操作孔要装上布袖套（单人接种箱为一面），孔外设有推拉门，消毒或不工作时关闭，保持接种箱内密闭、清洁。单人和双人接种箱见图49、图50。

图49 单人接种箱

图50 双人接种箱

3）超净工作台 是一种局部空气净化设备,它是通过空气过滤去除杂菌孢子和灰尘微粒,起到净化空气的作用。主要用于菌种的分离和转接,接种时配合使用酒精灯,效果更好。超净工作台分平流式和垂流式两种,见图51、图52。

图51 平流式超净工作台

图52 垂流式超净工作台

4）接种工具 见图53。

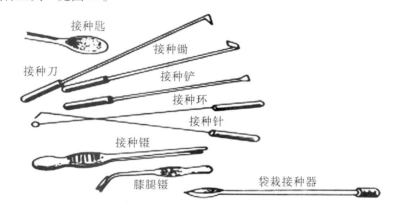

接种匙

接种锄

接种刀

接种铲

接种环

接种针

接种镊

膝腿镊

袋栽接种器

图53 常用接种工具

（5）培养室与设备

1）培养室 培养室大小可根据菌种生产规模而定,面积不宜过大,便于控制室内小气候,同时要安装排风扇和对流窗,并配备密闭装置,便于熏蒸消毒后及时排除残余药味和日常通风。并在最高和最低层配置温度计和升、降温装置等。

培养室内设有放置菌种的培养架,培养架总高2.2米左右,宽50～60厘米,层间距40～50厘米,见图54。

图54　培养室内的培养架

2）恒温培养箱　用于培养母种和少量原种,可以根据需要使温度恒定在一定范围内,箱内各部位的温度相同,比培养室的温度调节更为恒定,见图55。

图55　电热恒温培养箱

（三）母种分离与培养

1. 母种培养基的配制

培养基是用人工方法提供草菇生长所需要的基质。培养基的好坏直接影响草菇菌丝的生长。

（1）培养基配方

1）稻草汁培养基　碎稻草200克，葡萄糖20克，硫酸铵3克，琼脂20克，水1升。

2）稻草汁综合PDA培养基　碎稻草200克，马铃薯（去皮）200克，葡萄糖20克，硫酸镁0.5克，磷酸二氢钾2克，琼脂20克，水1升。

3）综合PDYA培养基　马铃薯（去皮）200克，葡萄糖20克，酵母粉5克，硫酸镁1克，磷酸二氢钾2克，琼脂20克，水1升。

（2）培养基配制　第一步，把去皮的马铃薯（已发芽的要挖掉芽眼）切成薄片，称取200克置入锅中，加凉开水或纯净水煮沸20～30分（以煮到酥而不烂为度），用4层纱布过滤取汁，其操作程序见图56、图57、图58、图59。

图56　培养基所用材料

图57　马铃薯切片

中篇　能手谈经

图 58　入锅煮液

图 59　过滤取汁

　　第二步,称取琼脂 20 克,撕成小片加入马铃薯汁液中,继续加热,并不断搅拌,待琼脂全部溶解后,再加入蔗糖、葡萄糖和其他营养物质,同时补开水至 1 毫升,最后调整酸碱度,用 6 层纱布过滤后,趁热分装入试管内,容量为试管长度的 1/5。

　　分装时必须注意,不可让培养基粘在试管口上,以防增加杂菌感染的机会。然后塞好棉塞。棉塞要求松紧适度,太松易脱落而招杂菌污染,太紧影响透气并有碍接种操作。培养基分装步骤见图 60。

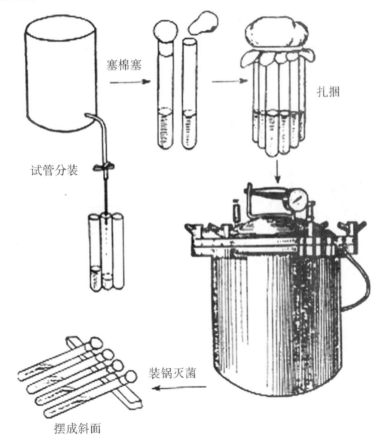

塞棉塞

扎捆

试管分装

装锅灭菌

摆成斜面

图 60　培养基制作步骤

高压锅在使用前应对放气阀、安全阀、压力表等详细检查,对发现问题的配件要及时更换,以免使用时发生危险。灭菌前先把高压锅内加好水,放入锅内胆,然后将扎好捆的试管培养基直立放入锅内,盖上锅盖,对称旋紧密封螺丝,锅盖上的六角螺丝要受力均匀,以免升压后发生漏气。

加热时打开放气阀,待阀内排出蒸汽后,关闭放气阀,压力升到 0.05 兆帕时,打开放气阀缓慢放气,待压力降至 0 时,关闭放气阀继续升压灭菌。当压力升至 0.103 兆帕 121℃时,保持 30 分即可停止加热,将高压锅提至冷却室,待其自然降压到 0.05 兆帕以下,轻提排气阀,缓慢放气至压力表回 0,轻轻松开密封螺丝,将锅盖错开一个缝,让锅内蒸汽溢出,利用余热将试管棉塞烘干。然后取出试管,摆成斜面,斜面长度为试管总长的 1/2,见图 61。

图 61 斜面的摆放

为安全起见,制好的斜面培养基不要直接应用,应将其置于恒温培养箱内,在 28℃条件下空白培养 48~72 小时,在检查灭菌效果的同时,蒸发掉试管内壁的冷凝水。培养基上如无微生物发生,表明灭菌彻底,即可使用。

2. 种菇标准与母种分离

(1)种菇标准 种菇要在气温 28~30℃,出第一茬菇时采收,要求菇群生长良好,子实体五六分成熟,另外要求整床草菇生长良好。将采好的种菇用白纸包好,记录编码,放在接种室、接种箱或超净工作台上,用无菌操作进行组织分离。

(2)分离方法 子实体表面用 75% 酒精药棉擦拭,用经火焰灭菌并冷却的解剖刀或刀片将草菇包皮去掉,将菌褶和菌柄接触部分(即生长点部分)切成绿豆粒大小的组织块,用接种钩或镊子取菌肉组织块,放在试管培养基中间部位,置于32～34℃培养箱中进行培养,第二天可以可以看到组织块上长出菌丝体,7～10天菌丝即可长满试管。选择长势好的试管种作为一代母种,然后进一步扩大繁殖,分离步骤见图62。

图62　草菇的组织分离法步骤

3.母种转接与培养

(1)母种转接　把菌丝生长健壮、旺盛、无杂菌感染的母种及制备好的琼脂培养基试管,放入超净工作台或接种箱内,打开紫外线灯或用烟雾消毒剂消毒25～30分,关闭紫外线灯,打开日光灯,进行转接操作。先将酒精灯点燃,工作人员的双手、接种刀、接种锄、接种铲均用75%酒精棉球反复擦拭后,再将接种工具用酒精灯火焰反复灼烧灭菌,待其冷却后,拿起母种,拔掉棉塞,用接种刀、接种锄将母种斜面纵、横切成3毫米见方的小块,用接种铲铲取一小块母种,迅速接入新的培养基试管内,如图63所示。

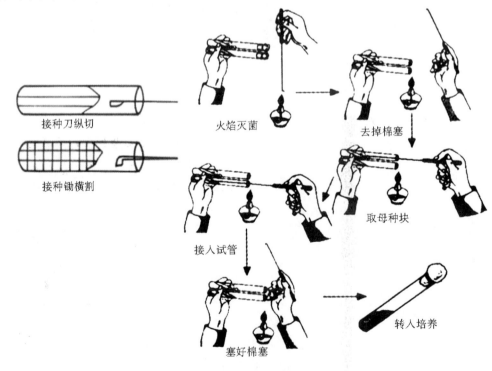

接种刀纵切

接种锄横割

火焰灭菌

去掉棉塞

取母种块

接入试管

塞好棉塞

转入培养

图63　母种转接过程

(2)母种培养　按图操作,每支母种可以转接扩繁25～30支二代试管母种。接种

草菇种植能手谈经

后的母种应置于32~34℃条件下恒温培养。在培养过程中,必须经常、严格检查母种试管是否有杂菌污染,特别是棉花塞上是否污染根霉、青霉、曲霉等,一旦发现有污染现象,必须立刻淘汰。经过7~10天的培养,菌丝即可长满试管斜面培养基,成为二代或三代母种。

诚告家行

组织分离母种在正式应用生产前,需做菌种性状鉴定,经济性状好的即为好的优良菌种,方可用于生产。

(四)原种、栽培种生产

1. 原种(栽培种)培养基配方

配方1　棉子壳93千克,麦糠5千克,石灰2千克,料水比1:(1.25~1.3)。

配方2　碎稻草50千克,棉子壳47千克,石膏1千克,石灰2千克,料水比1:(1.25~1.3)。

2. 原种(栽培种)培养基配制　选择新鲜、无霉变的棉子壳和碎稻草,按照比例称取后放入搅拌机,加水、石膏、石灰等辅助原料,搅拌10~15分,搅拌均匀后一定注意测含水量,并防止"夹生料"现象。

培养基拌好后一般应立即装瓶或装袋。一般原种多用瓶装,栽培种用袋装,也可用瓶装。

(1)装瓶　装瓶前必须把空瓶洗刷干净,并倒尽瓶内积水,然后一边往瓶内装料,一边用压实把把培养料压实,培养料装至瓶肩即可,不可装料过满,一般料面离瓶口距离不小于5厘米,否则不利于培养料透气,接种后反而影响菌丝生长。瓶装好后,用圆锥形木棒(直径约2厘米)在培养料中间打一个洞,直到瓶底或临近瓶底为止,目的是为了增加瓶内的透气性,利于菌丝沿洞穴向下快速蔓延生长,同时也有利于菌种块的固定;洞眼打好后将瓶口的培养料擦拭干净,塞上棉塞(需要注意的是:棉塞要松紧适宜,以手提棉塞瓶不下落为准)或专用透气塞。棉塞可以用普通棉花作原料,也可以用废棉或丝棉,但一般不用脱脂棉,因为脱脂棉成本较高。棉塞长度要适宜,一般4~5厘米,其中2/3塞在瓶内,1/3露在口外,内不触料,外不开花。为了防潮、防尘、防棉塞感染杂菌,生产中多用防潮纸或牛皮纸将瓶口包扎,减少各种杂菌感染棉塞的机会;另外菌种瓶封口也可用一层聚丙烯塑料(中间一般刺孔)加双层报纸捆扎封口;如果使用食用菌专用菌种瓶直接盖上瓶盖即可。

(2)装袋　高压灭菌选用聚丙烯料袋,常压灭菌可选用聚丙烯或低压聚乙烯料袋。

原种一般可选用(15～17)厘米×35厘米×0.05毫米的一头封口袋,栽培种可用17厘米×(35～38)厘米×0.04毫米的料袋。装袋一般用装袋机装袋,要求培养料松紧适宜,且上下一致,用塑料绳捆口(也可用食用菌专用套环盖口)即可,装袋时要注意袋身不可磨损或被硬物刺破。原种装袋要求基本同装瓶一样,但要求用食用菌专用套环盖口。

3.灭菌、接种、培养

(1)灭菌　装好的原种瓶和栽培种袋及时装入灭菌锅进行灭菌。

1)高压灭菌　灭菌时保证锅盖密封不漏气,当锅内压力达到0.05兆帕时进行2～3次排气,彻底排除锅内冷空气;当锅内压力达到0.15兆帕(锅内温度127℃)时保持1.5～2小时(视培养基和灭菌量决定灭菌时间),灭菌结束后待锅内压力自然降至零时可打开锅盖。

2)常压灭菌　当天装袋,当天灭菌,灭菌时要保证汽包鼓起时间不超过5小时,袋温达到100℃保持时间在12～14小时。锅内菌袋摆放时,菌袋间一定要留有适当间隙,以利于灭菌时蒸汽循环通畅,蒸汽包内菌袋温度一致、灭菌彻底。

(2)接种　当灭好菌的原种或栽培种温度降至35℃左右时及时接种。接种操作一定要按照无菌操作技术规程严格进行操作,对于农村生产种植户,最好在接种箱内接种,也可在自制接种帐或改造过的接种室内进行,接种时一定要严格进行空间灭菌,使用质好、量足的有效熏蒸式灭菌剂熏蒸30分,用75%酒精对手、接种钩或接种用的镊子等用具进行消毒,在酒精灯的无菌区内,用接种钩快速将母种接入原种瓶内或用接种铲(镊子)将原种接入栽培种袋内。接种完毕后,及时将已接过种的原种或栽培种移入培养室或培养箱内进行菌丝生长培养。母种转接原种及原种转接栽培种操作过程见图64、图65。

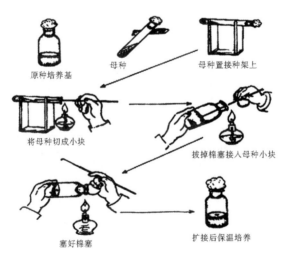

原种培养基　　母种　　母种置接种架上

将母种切成小块　　拔掉棉塞接入母种小块

塞好棉塞　　扩接后保温培养

图64　母种转接原种操作过程

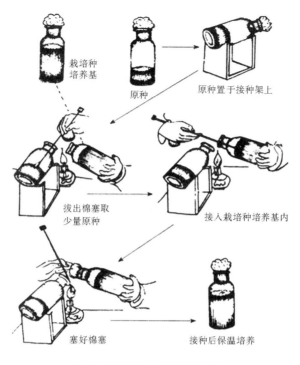

栽培种
培养基

原种

原种置于接种架上

拔出棉塞取
少量原种

接入栽培种培养基内

塞好棉塞

接种后保温培养

图65　原种转接栽培种操作过程

（3）培养　菌种培养过程是一个既简单又复杂的过程，要严格做到"三控制"，才能培育出优质合格的菌种。

1）控制温度　草菇菌丝生长适宜温度为33～35℃，培养室温度可控制在28～30℃，原种、栽培种瓶（袋）温可控制在30～32℃。如果原种、栽培种瓶（袋）温度过低，培养好的菌种菌龄偏长；如果栽培种培养袋温度过高，培养好的菌种菌丝稀疏、不健壮。严格控制袋温不得超过39℃，坚决淘汰受过高温影响的菌种。

2）控制光线　草菇菌丝生长期间不需要光线，尤其强光直射；光线越弱，越有利于菌丝生长，相反，菌丝生长缓慢，不健壮。

3）控制通风　培养室适当通风，可以保证菌丝生长时有足够的氧气供应，菌丝生长迅速健壮。但通风时应考虑培养室内外温差，如室外温度高时，尽量晚间通风，室外温度低时则尽量安排白天中午通风。

（4）挑拣污染菌种　在菌丝培养过程中要定期做好菌种挑杂工作。在整个发菌培养过程中，一般要进行3次的挑杂检查，第一次一般在接种后的5～6天，菌种块菌丝全部开始生长时检查。此时由于接种操作造成的污染的症状已开始显现，另外，如果试管母种或原种有各种杂菌感染，此时也能明显表现出来。这时如果不及时检查，有的杂菌会被草菇菌丝覆盖，造成草菇菌丝与杂菌混合生长的现象，如果草菇菌丝生长旺盛，以后很难从菌种瓶或菌种袋表面发现此类杂菌感染。第二次检查一般在接种后的13～15天，此时原料灭菌不彻底、菌袋破裂或有微孔、培养环境等引起的各类杂菌感染基本都能表现出来，此时检查一定要认真细致，一旦菌丝长满菌袋（菌种瓶），有些杂菌将很难检查出来，如毛霉。最后一次检查在菌种使用或出售时，一般都要再做一次菌种质量的

中篇　能手谈经

全面检查。

诚告家行

原种最好采用750毫升专用菌种瓶,栽培种可以采用17厘米×(35~38)厘米聚丙烯或聚乙烯塑料袋,同时不管是高压灭菌还是常压灭菌,一定要灭好、灭透,灭菌是制取好菌种的前提和首要条件。

(五)菌种质量鉴别

1. 母种质量鉴别　正常菌丝颜色浅白、稀疏、纤细、透明、有光泽,气生菌丝旺盛、无或少有红褐色厚垣孢子堆。

2. 原种和栽培种质量鉴别　正常菌丝颜色浅白,培养基不变色,菌丝稀疏、尖端不整齐、有丝状光泽,气生菌丝旺盛、无或少有红褐色厚垣孢子堆。

(1)幼龄菌种　菌丝白色,厚垣孢子尚未产生或产生极少。

(2)适龄菌种　菌丝浅白色或有些黄白色、透明,厚垣孢子较多。一般适宜条件下,菌丝长满培养料后2~3天便可以形成粉红色厚垣孢子,此时便是菌种使用的最好时期。但如果不能及时使用,应在较低温度下存放3~5天,不能久放。

(3)老化菌种　如培养基干缩、菌丝变黄或腐烂为过渡老化菌种,一般应弃之不用。

(4)有问题菌种　如菌丝洁白、浓密,则可能是杂菌,应仔细检查后或镜检后再决定是否使用。

诚告家行

注意鉴别菌种质量,选择菌丝生长正常的菌种,淘汰生长不正常、不健康、带病、带虫菌种,菌种是种植成败的关键因素。

(六)菌种保藏

草菇母种保藏方法不同于一般菌种保藏方法。2005年,我生产制备了一批母种,由于当时生产上一下子用不了那么多母种,我便像保藏其他食用菌品种一样将使用不了的母种放进了冰箱进行保藏,设定温度在2~5℃。但一个月后我取出使用时,转接的母种均不能萌发生长,仔细观察后才发现,我保藏的草菇母种已失去活性。经过咨询有关专家,我才了解到草菇的存放不同于常规食用菌品种,我保藏草菇母种的方法是错误的。

草菇属高温种植食用菌品种,菌丝生长温度范围在 15～42℃,低于 15℃菌丝停止生长,有低于 5℃时菌丝被冻死特性。曾经有许多种植户和我一样将草菇菌种像保存其他食用菌菌种一样保存,由于不了解或者不注意草菇菌种保藏特性,不止一次出现菌种报废现象,在需要制种时,不得不再去引种,耽误菌种制作,错过草菇的最佳种植期。因此,在草菇菌种保藏时,一定要牢记草菇菌种应保藏在 10～12℃温度稳定的室内或专用保藏室、专用菌种室内,不可随意保存,以免耽误第二年菌种繁殖和生产种植。

诚告家行

保藏菌种一定要注意控制保藏温度,温度过高(≥20℃)菌丝容易老化,温度过低(≤8℃)菌丝活力降低,一旦保藏温度低于 5℃,保藏菌种将会报废。

中篇 能手谈经

能手谈经

六、栽培原料的选择与配制

草菇种植原料较多，但原料不同，配方与配制方法也不尽相同。选择合适种植原料、原料配方和原料处理方法，是获得最高生物学转化率的关键。

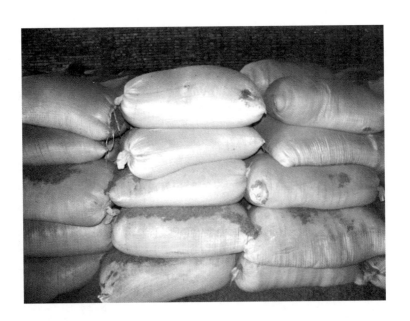

草菇栽培原料的选择与配制包括主要原料、辅助原料、配方、配制四个方面。草菇栽培原料之间的理化性质、营养特性有着较大的差异。在选择配制培养料时,能否做到选料精良、配制合理,对草菇栽培的成败、产量的高低、质量的优劣起到至关重要的影响。因此,对于长期应用的、生产中表现较好的生产配方,切不可任意改动或因某种原料价格的偏高而任意替换,以免因不了解替换原料的物理、化学性质而造成损失;即使要替换某种原料,也要先进行发菌、出菇试验,试验结果出来后再进行调换,在试验结果未出来以前不可盲目进行大面积栽培。

例如 2003 年,由于新乡地区种植双孢蘑菇面积的扩大,牛粪价格偏高且货源紧张,有些草菇种植户便在配料时减少了草菇配方中牛粪的添加量,并添加了 1% 的尿素作为弥补牛粪不足引起的氮源缺少的问题;由于栽培料没有经过发酵,尿素遇到水分和高温后产生大量氨气停留在培养料中,造成草菇菌种播种后,菌丝不能正常萌发生长,有的甚至种植失败。

(一)主要原料与辅助原料的选择

草菇种植原料非常多,河南省是农业大省,新乡市是小麦、玉米、水稻主产区,麦秸、稻草、玉米秆、玉米芯等农业废弃下脚料非常丰富,当地的草菇生产种植户主要是围绕就地取材、降低成本的方法进行草菇生产。

1. 主要原料 有稻草、麦秸、棉子壳、玉米秸秆、玉米芯等原料,为草菇生长提供必要的碳源、氮源等,是草菇生长的基础原料,一定要选择无污染、无霉变、无虫卵、含土量少的原料,作为种植草菇的主要原料。

2. 辅助原料 主要有牛粪、麸皮、麦糠、稻糠等原料,是根据主料所含营养成分,针对草菇在生长发育过程中所需要的各种营养成分,适当补充营养物质,以达到培养料的营养均衡,结构合理。辅助原料的加入,不仅可以增加培养料的营养,而且可以改变草菇培养料的理化性质,从而促进草菇菌丝的健壮生长,子实体的高产优质。

(二)培养料配方

培养料配方是否适宜,直接影响草菇菌丝生长的好坏、产量的高低以及草菇品质的优劣。在草菇种植多年的实践中,我认为以稻草或麦秸、棉子壳分别为主料,适当添加含氮辅料的培养料配方容易取得高产,下面把我从事草菇生产几十年来,取得高产优质的培养料配方介绍给大家。

1. 配方 1 稻草(麦秸)80 千克,稻糠(麦糠)5 ~ 10 千克,干牛粪 10 ~ 15 千克,麸皮 10 千克,石灰 3 千克,克霉灵 0.1 千克。

2. 配方 2 棉子壳 90 千克,稻糠(麦糠)6.9 千克,石灰 3 千克,克霉灵 0.1 千克。

(三)培养料配制

1. 培养料辅料要符合配方要求 草菇是所有食用菌品种中种植技术比较简单、种植成功率较高的品种之一,草菇具有自身独特的耐高温性和生产周期短特性,在短短的一个月的生产周期内就完成了从菌丝培养到出菇结束全部过程。要想获得单位面积最高产量,在种植草菇时一定要注意按照配方称取主要培养料和辅助培养料,保证草菇菌丝生长、子实体生长所需的营养需求;同时要保证各种辅料除要符合食用菌生产种植质量要求,如稻糠要选择新鲜无霉变、无虫蛀、无板结的;麸皮要符合以上要求外,最好使用颗粒较细的,因为较细的麸皮容易与培养料主料混合均匀。

2.培养料简单处理方法

(1)稻草培养料

1)整把稻草培养料　稻草先用2%~3%石灰水浸泡4~5小时,以破坏稻草表皮细胞组织中的部分蜡质,从而使草菇菌丝难以利用的物质得以降解。稻草泡软以后,在堆草前捆成草把,草把通常有两种捆法:长的稻草,抓起一把,理整齐后先用两手旋扭,再对折扭成麻花形并扎住,即成为麻花形草把;短稻草不易拧成把,理整齐后可以用湿草将其两端捆紧,形成每把重0.5千克的草把。干牛粪预湿后加麸皮堆起,发酵3~5天,用时撒在草把上。

2)切碎稻草培养料　将稻草切成5~10厘米长或用粉碎机粉碎。处理好的稻草用石灰水浸泡,浸泡4~5小时后捞起沥干建堆发酵。堆制5天后,中间翻堆1次,翻堆时可加入麦麸(在铺料前拌匀加入);稻草堆制发酵时,一般堆宽1.2米,堆高1米,长度不限。堆制好后,要盖膜保湿(注意揭膜通风,并每隔50厘米打一透气孔,防止厌氧发酵),同时防止害虫侵入。堆制好的培养料要质地柔软,含水量70%,pH调至9左右。堆制发酵后最好经二次发酵,特别是添加了米糠或麦麸、干牛粪的原料,一定要进行二次发酵。使用切碎稻草培养料栽培草菇时,要求铺料厚度为15~18厘米。稻草栽培草菇见图66。

图66　稻草栽培草菇

(2)麦秸培养料　小麦秸秆表层有一层蜡质,播种初期不易被草菇菌丝吸收,因此用来种植草菇的麦秸一定选用拖拉机碾压过的。种植前,将麦秸先浸入石灰水中泡24小时,去掉麦秸表层的蜡质,然后捞出沥去水分,掺入干牛粪,堆成宽1.2~2米、高1米的长形堆进行发酵,要盖膜保湿(注意揭膜通风,并每隔50厘米打一透气孔,防止厌氧发酵),同时防止害虫侵入。经过2~3天后,麦秸变得柔软而有弹性,便可铺料播种。铺料时,要求铺料厚度为15~25厘米,最厚处不得超过30厘米。麦秸栽培草菇见图67。

图 67　麦秸栽培草菇

（3）棉子壳培养料　棉子壳是一种很好的食用菌种植原料,它不仅营养丰富,而且透气性好,可以用来种植各种食用菌,其种植草菇生物学转化率是稻草、麦秸等原料的2~3倍。棉子壳可以直接用搅拌机搅拌,这样拌出的料不仅均匀,而且含水量易控制,堆成宽2~3米、高0.8米的长形堆进行发酵,要盖膜保湿(注意揭膜通风,并每隔50厘米打一透气孔,防止厌氧发酵),同时防止害虫侵入。经过3天发酵后即可铺料播种,铺料时要求铺料厚度为12~15厘米,最厚处不得超过20厘米。棉子壳栽培草菇见图68。

图 68　棉子壳栽培草菇

3. 配制培养料过程中注意事项

(1) 用石灰水浸泡原料 在选用稻草、麦秸为主要种植原料时,一定要将稻草、麦秸放在2%的石灰水中浸泡24小时,经过浸泡的原料一是达到了充分吸水,二是达到了软化的目的,三是调整了培养料pH,保证草菇菌种接种后在培养料上快速扎根生长。

(2) 拌料要均匀 不同的培养料有不同培养料配方,不管是哪种配方,一是要按照配方合理搭配主料与辅料,二是要搅拌均匀,培养料搅拌得越匀,出菇面产菇就越均匀,出菇就越整齐,生物学转化率就越容易提高,并且产出的草菇的商品性状也越好,可以有效提高经济效益;反之,出菇面产菇不均匀,有的地方出得多而密,有的地方出得稀,这样不仅影响草菇的商品性状,也影响原料生物学转化率。

(3) 严格控制含水量 培养料的含水量直接影响种植成功率,适宜的含水量,有利于菌丝生长,菌丝生长快,种植成功率提高,产量提高。培养料含水量过高,菌丝生长慢,菌丝长满料的时间延长,不仅容易滋生杂菌,而且影响种植成功率,同时影响培养料生物学转化率;反之,培养料含水量也不能偏低,如果培养料含水量偏低,不仅发酵料发酵不彻底、不理想,而且播种后菌丝生长缓慢,菌丝长满培养料后有产菇后劲不足的问题,直接影响草菇商品性状和培养料的生物学转化率。

简单含水量测定法:通常采用手抓和手捏料法进行测量。以棉子壳为主要原料的培养料,可用拇指和食指捏一团料,稍用力捏之,指缝间有水渍出现,用全力,有水滴出现但又不下滴为宜,此时培养料的含水量大约为60%;以稻草秸秆为主要原料的培养料,可抓一把稻草,稍用力握,手缝间有水渍出现,用尽全力有水滴出现,并滴下1~2滴,此时含水量大致为65%。

(4) 酸碱度应适宜 草菇同其他食用菌品种不同,喜欢偏碱性环境,在配制原料时要加入足够量的石灰,保证出菇时培养料pH不低于7.5,给草菇菌丝生长和子实体生长创造适宜的条件,培养料的pH一般在9以上。培养料的pH可以用pH试纸测量,pH试纸见图69。

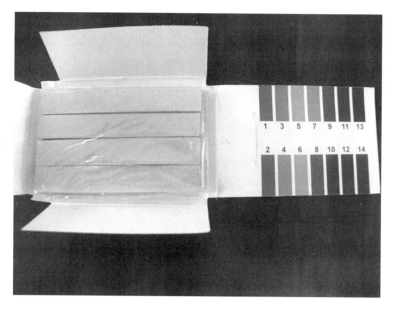

图 69　pH 试纸

　　培养料配制是草菇种植一个重要的环节,它关系到种植的成败、产量的高低和草菇商品性状的优劣,每个草菇生产者都必须严格按照培养料配制要求进行操作。

中篇　能手谈经

种植能手谈经

七、草菇高产种植管理方法 ·－－－－－－－－－－－－－－－－－◆

　　草菇虽然是人工栽培食用菌品种中生物学转化率较低的一个品种,但也是有很大增产潜力的品种,运用科学的种植管理技术是实现草菇种植高产稳产的重要措施之一。

（一）培育健壮、优质草菇菌种

菌种是种植草菇的基础物质，培养优质的菌种更是种植成功和高产的前提。因此，制作及保藏菌种是草菇生产的关键环节，要严格按照"一彻底"、"二注意"、"三严格"、"四淘汰"进行。

1. "一彻底" 主要是指制作菌种培养基的灭菌要彻底。灭菌是菌种制作的最关键环节，灭菌是否彻底，直接影响菌种制作成功率。现在培养料灭菌主要是采用高压灭菌和常压灭菌两种，无论是高压灭菌还是常压灭菌关键是灭菌彻底，这就要求严格遵守灭菌程序，适当延长灭菌时间，有利于提高灭菌效果。在我培育菌种过程中发现：母种、原种、栽培种还是采用高压灭菌最好，因为高压灭菌时间短，培养料不容易酸败、不容易变湿，并且菌种萌发后菌丝吃料快、菌丝生长速度快。

（1）高压灭菌 必须保证高压灭菌锅内在排净冷空气后（图70），锅内压力达到0.15~0.18兆帕，保持1~1.5小时，即可达到理想灭菌效果。严防出现假压现象（即高压锅内压力虽然达到了0.15~0.18兆帕，而实际温度低于125℃），造成灭菌不彻底。

图70 高压锅放气

（2）常压灭菌 必须保证常压灭菌锅或蒸汽包内上下温度均匀、稳定达到100~105℃，保持8~10小时，即可达到理想灭菌效果。一定要注意：灭菌升温阶段温度要上得快、上得猛，保证4个小时之内，常压灭菌锅或蒸汽包内达到100℃，同时灭菌锅或蒸汽包内蒸汽要足，严防蒸汽不足造成灭菌不彻底现象。

（3）延长灭菌时间 根据需灭菌培养料数量，调整灭菌时间。一般情况下，使用常压灭菌，当需灭菌培养料数量大时（培养料数量超过1 500千克），适当延长灭菌时间（参考值：常压灭菌时间要增加5~6小时）可有效提高培养料灭菌质量，同时按照灭菌时间完成灭菌停火后不要急于出锅，利用袋温余热继续堆闷12~24小时，灭菌效果更佳。

2."二注意" 主要是指制作菌种培养基的通透性和酸碱度要合适,不能因为培养基的通透性和酸碱度造成菌丝生长缓慢、不健壮。

(1)注意增加培养基透气性 由于草菇菌丝为无色透明菌丝,菌丝生长相对较弱,且当培养温度达到 30～38℃时,菌丝生长速度非常快,因此制作草菇菌种时一定要注意培养料的透气性。我用棉子壳作草菇原种、栽培种培养基时一般加入 5%～8% 的麦糠或粗稻糠,以增加培养基透气性,效果非常好。

(2)注意调整培养基酸碱度 由于草菇喜欢生长在中性偏碱环境中,培养基中要注意加入 2%～2.5% 的生石灰,调整培养基的 pH 达到 9。

1)培养料 pH 偏低 可以根据培养料的湿度加入石灰或石灰水,如培养料水分不足时可直接喷入高浓度的石灰水,并同时进行翻料拌匀,提高培养料的 pH。

2)培养料 pH 过高 高于 10 以上,可用磷酸钙进行调节,方法与石灰的调节使用方法相同,对水分不足的可将磷酸钙溶解于水中,并均匀喷洒于培养料中;也可采用堆闷发酵的方法降低 pH,一般随着堆闷发酵时间变长,培养料的 pH 会逐步降低。

3."三严格" 主要是指严格挑选优质菌种、挑选适龄菌种和严格菌种生产无菌操作程序。

(1)严格挑选母种、原种、栽培种 母种是整个菌种生产的基础,好的原种是培养优质栽培种的前提,优质栽培种是草菇栽培成功之基石,因此,严格挑选母种、原种、栽培种三级菌种至关重要。

(2)严格挑选适龄菌种 适龄菌种是指在菌种生活力最强的时间用于扩接下一级菌种或用于栽培生产,菌龄过短、过长的菌种的菌丝生活力都不旺盛,也就不能保证下一代菌种或栽培后菌丝萌发达到最佳生长状态(实际上就像种庄稼一样,种子饱满、质量好,长出的苗才会壮;反之,种子不饱满、质量不好,出来的苗不是发黄生长慢,就是病苗、弱苗),从而影响菌种制作和种植成功率。

(3)严格无菌接种程序 我在 2000 年春夏交接季节制作草菇栽培种时,曾出现过一次污染率达到 80% 的问题。原因是:种植平菇面积非常大,在秋季制作平菇栽培菌种时,基本上都不采用接种箱、接种室接种,接种方法非常简单,污染率也不高,我就试着按照制作平菇栽培种的方法接种草菇 1 000 袋,7 天以后检查菌种时,发现污染率非常高,粗略计算一下达 80%。所以有必要提醒草菇种植户的是,草菇和其他食用菌品种不一样,菌丝生长势不是很强,如果接种操作规程不严格,很容易出现污染率偏高现象。制作草菇菌种不要像制作平菇、鸡腿菇菌种一样,进行开放式接种,一定要采用接种箱、接种室接种,虽然费点工,但是效果好,成功率有保障。

4."四淘汰"

(1)淘汰菌龄偏长的菌种 菌种培养时间控制在 18～20 天,不得超过 25 天。避免培养时间过长产生过多的厚垣孢子,造成菌种老化,影响菌种使用,见图 71。

图71　产生过多的厚垣孢子

（2）淘汰受高温影响的菌种　生长期受过高温影响(44~45℃)的菌种虽然也能发满原种瓶或栽培袋,原种瓶或菌种袋表面菌丝生长也比较健壮,但实质上原种瓶或菌种袋中间菌种菌丝生长细弱不健壮,一旦播种后菌丝萌发慢、生长活力低,菌丝吃料速度不一。所以,受过高温影响的菌种必须挑出,可以用于生产,但不能再作为菌种使用。

（3）淘汰带病斑和杂菌侵蚀过的菌种　在菌种培养过程中,有时因检查菌种不及时,在菌丝生长旺盛时个别被杂菌侵蚀过的菌种也会发满原种瓶或菌种袋,但一般会形成色斑,见图72。因此,在最后挑选菌种时,一定要注意淘汰有杂菌侵蚀的明显和有色斑的菌种。

图72　带病斑菌种

（4）淘汰带虫卵和被害虫侵蚀过的菌种　在培养菌种生产过程中，一定要注意防虫，并检查菌种是否被害虫侵蚀过，一旦发现被害虫侵蚀过或者带有虫卵的菌种必须淘汰，不得再作菌种使用。

诚告东家

严格规范菌种制作生产环节，控制菌丝生长温度、生长时间，培育健壮菌种，为种植成功奠定基础。

（二）培养高产、健壮菌丝

种植草菇和种植农作物一样，要想获得农作物的高产，前提是要有"壮苗"，同样草菇要高产，首先是培育健壮的菌丝。培养健壮菌丝一定要严格按照草菇的生长发育特点，选择优质原料及合理配方，按照培养料配制要求对培养料提前处理发酵，适当加大草菇菌种的使用量，按照草菇菌丝生长对温度、水分、空气、光照等环境因子的要求严格精心管理，科学防病防虫，只有这样才能使草菇菌丝健壮生长，为草菇高产优质打下坚实基础。

例如在 2000 年，我第一次使用玉米芯作为主料种植草菇，由于经验不足，我只试种了 50 米²。在种植前，先从草菇种植资料上查阅了有关玉米芯种植草菇的主要技术措施，按照资料介绍玉米芯在种植草菇时不适宜发酵时间过长，我便提前将各种辅料处理后开始预湿玉米芯，在处理玉米芯发酵时只是让玉米芯料温升到了 60℃ 以上便开始翻堆，随后便将玉米芯移进棚铺料开始种植草菇，由于种植时间在 7 月，也是当地每年的最热季节，我铺料的厚度在 25 厘米左右，料温在 38℃ 左右。播种后菌种萌发情况正常，但谁知三天后我发现，草菇菌丝仅在菌种附近蔓延，基本或很少有菌丝在玉米芯上生长，也就是说菌丝吃料速度太慢，并且菌丝生长稀疏。这时候我开始紧张了，便很快电话咨询了有关食用菌专家，专家了解情况后，分析草菇菌丝不吃料主要原因是玉米芯基本上没有进行发酵，种植草菇玉米芯不易发酵时间过长，但不是说不发酵，应该发酵 3～4 天。这次种植的 50 米² 草菇，由于培养料表面草菇菌丝稀疏、培养料中间基本上没有菌丝，草菇自然是减产了。通过这件事，我进一步认识到学习食用菌种植技术绝不能停留在文字的表面，更不能对种植技术进行片面理解，只有深刻理解和掌握了有关技术操作要领才能种植好食用菌。

1. **选择优质原料**　原料是草菇种植至关重要的物质，是草菇种植高产的基础，原料越新鲜，营养成分破坏就越少。经过雨淋、发热、发酵、霉变等影响的培养料，不是营养成分消耗、破坏，就是物理性状被破坏，并产生有毒、有害物质；使用上述培养料时，菌丝生长不旺盛或不健壮，最后影响草菇总体产量。因此，种草菇首先就是选择无霉变、未经雨淋等物理性状无改变或改变小的优质原料作培养料。

2001 年,我在种了 400 米^2 草菇后,觉得种的有点少,想再种 100 米^2。由于提前准备的原料不足,加之自己认为有了几年种植草菇的经验,在选择原料方面没有严格把关,对部分存在问题的原材料(有部分霉变、经过雨淋、发过热等问题)也没有太在意,甚至还认为有部分霉变或发过热或经过雨淋的原料即使使用也不会有多大影响,在堆闷草菇栽培料时便使用了部分有些霉变、发过热的麦秸原料,原料经过堆闷软化发酵后便铺料开始种植。结果,在发菌过程中便出现了较多鬼伞,有些菌丝甚至不能往培养料中生长,虽然这次种植没有失败,但最后种的这 100 米^2 草菇产量比较低,有些地方自始至终就没有出菇,和前面先种的 400 米^2 草菇相比,平均产量相差将近一半。

2. 原料配比、预处理　不管是哪种原料作栽培料,首先是原材料预处理,比如麦秸要用拖拉机碾压、棉子壳和稻草要暴晒以及稻草、麦秸要用石灰水浸泡等处理,这些预处理都是必不可少,并且需要认真完成;其次是按照比例称取配料,不要私自改动配方,因为每个配方都是经过试验,并运用于生产效果比较好的,不是随意编出来的;三是辅助原料添加按照顺序进行,即石灰的用法是先用 2% 石灰水浸泡原料或拌料,留 1% 石灰在每次翻料时加入调整培养料酸碱度,牛粪和麸皮的用法是在原料浸泡沥水后,发酵前加入料内,克霉灵的用法是在种植前 1 天加入并堆闷 24 小时,效果最佳;四是堆积、软化、发酵时间不宜过长(不宜超过 5 天),发酵时间过长的原料,不仅在播种后料温偏低,而且容易引起减产。草菇的堆闷处理见图 73。

图 73　培养料堆闷

在 2002 年夏季我准备种植第二茬草菇时,天气炎热,温度都在 33℃ 以上,由于担心培养料在铺料播种后会继续长时间发酵,料温居高不下,影响菌丝向培养料快速生长,于是我想把培养料多发酵几天,应该能够减轻料温持续上升,结果那次的草菇培养料连续发酵了 9 天后才正常铺料播种。刚开始料温一切正常,但谁知播种 3 天后,由于连续降雨,气温下降,培养料的料温也骤然下降(30℃左右),草菇菌丝直到开始出菇,也没能长到料底(正常出菇1周后菌丝长至料底),不用说此次草菇肯定是减产了。事后经咨询食用菌专家才明白了其中道理:培养料发酵时间过长,不但草菇培养料在发菌期料温不能达到适宜温度,而且对草菇的产量也会有严重的影响,这主要是因为发酵时间过长,培养料的营养成分会被损耗很多,养分流失严重。

3.适当加大菌种播量 一般情况下,草菇播种量是10%～15%,该播种量基本但不能完全保证种植成功率,因为这个播种量是个基本播种量、经济播种量,而不是最佳播种量。根据我的经验,如果播种量达到20%～25%(实际上对草菇种植大户来讲,菌种一般都是自己生产,种植成本也不会增加多少),不仅可以减少污染,尽早形成草菇菌丝生长优势,有效增加种植成功率,而且还可以缩短菌丝生长时间、出菇时间、减少养分消耗,可以间接起到增产的目的。

4.播种后温度管理 草菇播种后,温度在30～40℃的条件下,菌丝生长即进入快速生长期,这期间管理的关键是控制培养料的温度,最好控制培养料温度在36～38℃,要严格控制料温最高不得超过45℃,防止出现高温"烧菌"现象,但也要注意培养料最低温度不宜低于30℃;同时要防止菌丝生长温度出现忽高忽低现象,这就要求菌丝生长场所温度比较稳定,管理者要想方设法为菌丝生长场所温度稳定创造条件(比如:塑料棚种植管理,可以通过白天掀草苫或棉被进行增温降温管理),温度越恒定,菌丝生长越快、越健壮,出菇后劲也就越足,为草菇获得高产打下基础。

在草菇铺料播种后,要经常测量培养料的温度变化,测量方法是用两支温度计测量,其中一支插入培养料厚度的2/3处(图74),主要是测量培养料的料温,另一只放于培养料表面,主要是测量料面的温度变化。在播种后菌种萌发期间,由于菌种大部分在培养料的表面,实际所处的温度环境是在料温和气温之间,较接近气温。因此,此时温度的管理应参考气温的数据来管理,此时一般气温控制在32～35℃最为适合,而此时菌种所

图74 草菇测温

处的温度环境则在36～38℃,最适合菌种萌发和生长。播种2天后草菇菌丝便开始逐步深入培养料中生长,此时培养料表面的温度计应逐步深入培养料中,一般插至草菇菌丝生长深度以下2厘米处,此位置的温度数据可以作为草菇菌丝生长的湿度参考数据。一般通过保温、加温、降温、散热等措施来控制培养料的温度变化,从而使草菇菌丝生长一直处于适宜的温度环境。

5.播种后水分管理 草菇是高温型真菌,菌丝生长期间菌丝生长场所温度较高,再

加上草菇种植大部分属于床架种植,培养料受高温影响水分蒸发较快,因此,草菇菌种播种后即开始加强菌丝生长场所空气湿度管理,适当增加空气湿度创造适宜草菇菌丝生长的发菌环境,减少培养料水分蒸发,防止培养料水分蒸发过快对菌丝生长的影响。针对草菇播种后,有采用地膜覆盖和不采用地膜覆盖这两种管理模式。对于料面不采用地膜覆盖的菌丝生长场所,要适当提高湿度,可以控制菌丝生长场所空气相对湿度在75%左右,或者略微高于75%;而对于料面采用地膜覆盖的种植场所,菌丝生长场所空气相对湿度可以略低一点。在播种后菌种萌发时,适宜菌种萌发的空气湿度在80% ~ 90%,超过95%后菌丝萌发细弱,湿度低于70%,菌种容易失水,影响萌发,严重的导致不萌发。在菌丝开始生长后一般只需维持65% ~ 75%的空气湿度,保持料面潮润即可。

6. 通风、避光发菌　草菇菌丝生长期间是一个呼吸氧气产生二氧化碳的过程,结合菌丝生长管理适当进行通风,可以排除菌丝生长场所的有害气体,换入新鲜空气,刺激、加快菌丝生长速度,特别是对于播种后培养料表面盖薄膜保湿的,一定要注意每天掀膜通风,加快菌丝生长;同时菌种播种后要创造菌丝生长黑暗的环境,促进菌丝健壮生长,为草菇菌丝由营养生长阶段转入生殖生长阶段积累更多的营养。一般采用薄膜覆盖发菌(图75)和报纸覆盖发菌(图76)两种方式。

图75　覆盖薄膜发菌

我在通风管理方面的主要做法是:在播种后48小时内,如果棚温不高,此时主要以保湿为主,目的是为了促进草菇菌种快速萌发生长,当菌种萌发结束后,便进行一次相对较大的通风换气,目的是为了使新生菌丝倒伏,紧贴料面,以利于菌丝快速吃料。此次通风结束后,便不再进行较大的通风,每天只是进行10 ~ 20分的换气。当菌丝长至

图76　覆盖报纸发菌

料表面以下3 ~ 4厘米时,由于此时菌丝开始加速生长,对氧气的需求量开始加大,我便开始逐步加大每天的通风时间和次数,在气温和培养料料温都正常的情况下,通风时间和次数以保持菇棚内空气新鲜,空气不混浊为准,采取多次通风,每次通风时间大约30

分,这种通风方法直到菌丝即将吃透培养料为止。

观察菌丝生长情况的方法:第一种方法是内部菌丝生长的观察,用手指扒开培养料从培养料的裂缝来观察。第二种方法是适合采用纱网或其他底部垫底物的层架式栽培模式,即从底部观察菌丝是否吃透培养料。如果菌丝有部分吃透培养料时,可以看见有大量粗壮的菌丝直直的伸出。

7. 防病、防虫　防病、防虫管理历来是食用菌种植管理的重点,但由于草菇生产周期短,做好病虫害预防的关键是严格做好培养料的处理,严防播种时培养料带虫、带菌;只要培养料处理好、适当加大播种量、做好菌丝生长温度管理,一般情况下不会出现杂菌感染和害虫暴发现象,即使出现少量杂菌感染和虫害也不影响整体产量。

要想获得草菇种植的高产,关键是创造菌丝快速、健康生长条件,减少不利因素对菌丝生长的影响,培育出生长整齐、健壮的菌丝生长群体;同时要加强环节管理,保证菌丝正常生长速度,管理的重点是减少失误。

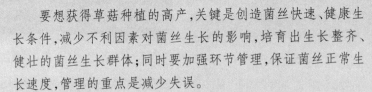

(三)出菇管理

出菇期管理的重点是温度管理、湿度管理、通风管理、光线管理,这四个方面的管理是相辅相成、相互制约的,如何协调、处理好这四个方面的管理因素,是草菇种植获得高产、优质的关键。

1. 温度管理　正常情况下,播种后菌丝生长10～12天,菌丝即可全部长满培养料,进入菌丝成熟期。

出菇期间草菇子实体生长要求的温度与菌丝生长期间菌丝生长温度不同,一般要略低于菌丝生长期间温度,要求料面温度控制在30～32℃为宜。温度偏高(≥35℃),湿度大时,气生菌丝旺盛,影响草菇产量,并且温度高时,菇体生长快,菇质相对疏松、开伞快,影响产品质量;温度低时(≤28℃),子实体生长受阻甚至停止生长。因此,出菇期温度的管理是保持温度稳定,通过保温和降温措施(比如:温度高时,可以通过通风、遮阳进行降温,必要时注意加盖覆盖物,防止太阳光直射引起的空间温度升高,并增加晚上通风时间,同时洒水降温;温度低时,可以通过保温、增温、进光等措施进行升温,必要时可以白天揭开草苫晒膜升温，夜间盖上草苫保温，当温度低于25℃时，延长中午通风时间，减少早、晚通风时间。总之，不管是升温还是降温，一定要结合自身情况灵活运用增温、降温方法）创造子实体生长最佳温度区域，防止温度变化对子实体生长的影响，特别是昼夜温差要控制在5℃以内，不得超过8℃，以免养分倒流出现大面积"死菇"现象。

2.湿度管理　为了使出菇整齐及出菇后子实体能正常生长，在出菇前喷浇1次pH为8~9的石灰水，喷水量以栽培料上无积水为宜。喷出菇水一般不要过量，因为夏季种植草菇培养料的厚度一般不会太厚，不容易积蓄热量而持续升温，不至于引起培养料水分的大量散失，同时培养料长期处于水分较多情况下，会引起培养料中间的菌丝缺氧、养分输送困难，正在生长的草菇不容易膨大，产量和质量都会受到影响；并且在出菇期气温长时间（超过6个小时）高于料温（一般高于28℃），就会容易出现菇体软化萎缩，导致死菇，生长正常的草菇就会出现不能触摸的现象，草菇一接触到手指，接触部位就会出现水渍一样的颜色变化，这也是常说的水印菇。因此，在出菇水用量难以确定的情况下，一般采取先适当少喷洒一些水，在经过8~12小时的培养料吸收后，观察菇床培养料表面的水分状态，如果不够湿润，便可以继续进行出菇水的补充。

一般喷出菇水后2~3天，在培养料边缘处出现形似小米粒的原基。草菇子实体生长时从培养料中及空气中吸收大量的水分，尤其是子实体快速膨大期，水分不足会明显影响草菇的日生长量，所以要经常检测培养料和空气中的水分含量。根据气温，一般晴天干燥时要分早、晚两次洒水，使培养料表面保持湿润状态；阴雨天可以掀膜进潮气，保持培养料含水量不低于60%（手摸料面柔软、不扎手，抽几根稻草或麦秸用劲拧，有水印即可），空气相对湿度控制在90%左右（顶部塑料布有致密水珠，立柱和周围墙壁上有部分水珠）。如果感觉不准，最好使用干湿温度计。

采收第一茬菇后，要停水3~5天再进行喷水管理，喷水5天左右可收第二茬菇，如此管理一般可收3~4茬菇。

（1）喷水方法　空气相对湿度受料温、气温、通风等外界因素影响，喷水可以有效增加空气湿度，喷水时间一般安排在中午，因为中午喷水后一是可以防止下午气温升高后出现的蒸发量增大、空气相对湿度下降问题；二是可以防止喷水对温度下降的影响（主要是指当出菇场所温度偏低时，喷水会引起降温，选择中午气温较高时喷水，对出菇场所温度变化起伏影响较小）；三是喷水前，需将门窗等通风设施适当打开，让料面稍微干燥以后再喷水，喷水后也不能马上关闭门窗等通风设施，要待料面稍微干燥后再关闭门窗等通风设施，防止料面气生菌丝旺长，消耗养分，影响草菇子实体正常生长；四是子实体幼小时一般不能直接对床面喷洒水分，不能喷水过多，要采取轻喷雾状水的方法喷洒，否则容易引起草菇的菇蕾、幼菇死亡；五是喷水时还应注意，喷头一定要向上喷雾，水温应与气温相接近，与料温相差一般不超过4℃，更不能用低于25℃的冷水喷洒，以免菇蕾受冷水刺激而死亡。

（2）菇棚内空气湿度调节　调节控制主要有四种方法：

1）关闭门窗调节菇棚湿度　这种方法适用于原料含水量正常，表面湿度正常，出菇环境温度较适宜时使用。一般门窗、通风口关闭约1小时后，空气湿度就可以上升到80%

以上,待棚内湿度正常后可适当打开门窗或通风口,就可以维持空气湿度的稳定。

2)通风降低湿度 这种方法一般用于空气相对湿度在90%以上,环境温度适宜或较高的情况下,一旦空气湿度降到适宜湿度时便要及时停止通风或减小通风量。

3)加温降低湿度 这种方法主要适用于空气相对湿度在85%以上,菇棚内温度较低的情况下使用。

4)喷雾加湿法 这种方法是增加湿度常用的方法。

3. 通风管理 草菇属于大型可食用真菌,在子实体生长期间,需要大量的新鲜空气(主要是氧气),一旦二氧化碳浓度过高,不仅会影响子实体的形成和生长,而且会影响子实体的正常生长,即子实体顶部向下凹陷形成畸形菇,降低商品价值。因此,做好通风管理,不仅可以生产出形状优美、商品性状优良的子实体,而且通过通风管理还可以减少病害发生。

出菇期的通风管理是一个尤为重要的管理环节,当草菇子实体原基形成后,将料面的覆盖物支起,以加强通风换气,每天通风3次,早、中、晚各1次,每次30~40分,不管低温季节还是高温季节、出菇场所温度高还是低,必须保证每天进行通风换气。需要说明的是:子实体生长较大时,通风时间可以延长;反之,通风时间可以相对减少,只要没有畸形菇出现就说明通风时间可以,总之通风时间长短要灵活掌握,一定要结合菇棚内的温度、空气湿度以及日常管理操作等。

4. 光照管理 草菇子实体原基形成(白点状的幼蕾)和生长阶段需要一定的散射光,一般从草苫缝隙透过的阳光为光照量的1/10(一般可以用看报纸的方法来测量光线强度,当人的眼睛离报纸30~35厘米距离,基本可以看清报纸上的5号字的光线亮度),即可满足需要。随着子实体的不断膨大,散射光强度要增强到300~500勒克斯。散射光强度充足时,长出的子实体菌肉致密,品质好,菇体颜色深;散射光不足时,子实体生长较弱,菌肉疏松,菇体颜色浅白,菇柄易伸长,菇的产量和质量均受到影响;散射光透过过多时一是影响棚内湿度,加大菇棚内水分的蒸发,降低菇棚内料面的水分和空气相对湿度;二是影响棚内温度;三是影响菇体颜色,使菇体颜色加黑,影响商品性状。

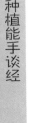

草菇子实体生长期的管理主要是稳温出菇、提高空气相对湿度管理和通风管理,培育优质商品菇管理是一个看似简单的过程,但要处理好这几个方面的关系却是相当复杂的工作。在低温干燥季节,关闭门窗很容易满足温度和湿度的需要;但不容易满足新鲜空气的需要,相反,这时打开门窗,满足了新鲜空气的需要,却降低了温度和湿度,处理好温度、湿度、通风和光照这四者之间关系,是种植草菇成败的关键。

(四)采收、包装

由于草菇是在气温高的夏季生产,采摘后极易伸腰或开伞。为了防止草菇伸腰或开伞,必须选择在清晨或傍晚凉爽的时间采摘和运输,并在4小时内运到工厂加工,到了工厂,要快速预煮,阻止草菇继续生长;若路途较远,可在当地预煮,及时带汤运回工厂,在运输过程中一定要防止草菇酸败变质。草菇罐头营养丰富,但极易产生酸败,因而在加工过程中工艺流程要快速,加工器具等必须严格清洗消毒,以防产品污染变质。

1. 采收分级 采摘草菇时,首先是选择对生长七八成熟的子实体(标准:子实体生长至蛋形期,质地较硬,菇体成圆锥形)进行采收,严防采收完全成熟的子实体;其次是采收时,最好一手按住草菇子实体着生的基部,一手轻轻转动草菇子实体,不要强抓硬拽,以免带动周围菌丝和未成熟幼菇,导致周围未成熟幼菇萎缩不长,影响总体产量;若是丛生菇,最好等大部分可采收时一并采收,也可以用刀将可以采收的子实体先切下,但动作一定要轻;最后是对采收下的子实体用刀切去基部杂质,并及时按照等级进行分级(一般情况下,如果是直接鲜销的话不分级也可以,如果是准备进行草菇加工的必须及时进行分级)。

(1)鲜菇分级标准如下:

一级:菇体横径2.5~3.5厘米,未伸腰,硬实。

二级:菇体横径2.0~2.5厘米,外包被未破。

三级:菇体横径1.5~2.0厘米,外包被刚裂开。

级外:菇体横径在1.5厘米以下,菌盖出外包被0.5厘米。

(2)干菇分级 削头,无泥沙杂质,菇面鼠灰色或灰白色,菇肉白;无开膜开伞菇,含水量达到12%,味香,无虫害霉烂,无焦黄发黑。

一级:肉厚,横量3厘米以上,直量5厘米以上。

二级:肉厚,横量2.5厘米以上,直量4厘米以上。

三级:肉薄,横量小于1.8厘米,直量3厘米以上。

横量法:对半破开烘干后在菇脚向上1~1.5厘米处量。

直量法:由菇脚量至菇顶。

2. 包装 草菇与其他食用菌品种不同,草菇外有一层包皮,草菇生长成熟后包皮会自动开裂,包皮一旦裂开,商品性状就会下降,因此草菇鲜销时的包装要采用小包装,一般以0.25千克或0.5千克为一个包装,包装采用塑料托盘,见图77。将草菇放在托盘上后外加一层保鲜膜,有条件的还可以打一下冷,但一定注意不要低于15℃,以免降低商品价值。

图77 托盘包装

3.运输与保鲜 草菇具有明显的后熟性,草菇子实体采下后,温度高时极易开伞,温度低于 10℃ 时,草菇容易发生自溶、变质,运输不当也极易破损。常用的包装、运输、保鲜方法有三种:

(1)第一种(短距离运输) 距离在 15 千米以内直接运至客户(如:餐厅、宾馆、饭店等)或加工场的,可以用塑料筐、塑料袋等装菇,运输过程中必须注意塑料筐或塑料袋内的草菇不能来回翻动,以减少草菇子实体间的摩擦。

(2)第二种(中距离运输) 使用汽车托运 100~200 千米的,通常采用泡沫箱包装运输,先将草菇子实体放在 20℃ 左右的空调房内降温,并风干草菇子实体表面水分后再装箱,装好箱、盖上盖、压紧,防止草菇子实体在箱内翻动,必要时可以在泡沫箱底部放一些碎冰,但必须用纸将草菇子实体和冰隔开,草菇子实体不能接触冰块。

(3)第三种(远距离运输) 草菇产量较大或种植集中地区,由专业户用塑料筐或泡沫箱包装后使用冷藏车运输。通常将自己采收的草菇子实体或收购来的草菇子实体及时分级,摊放在竹帘上放入 15℃ 左右的空调房内降温,待有足够量时,将草菇子实体装入塑料筐或泡沫箱用冷藏车运往销售地。需要注意的是:一用塑料筐或泡沫箱装草菇子实体时,一定要装紧压实;二冷藏车内温度要控制在 15~20℃ 。

草菇采下后还是一个活体,具有生长活力,会继续生长,并产生热量、形成积温加速草菇子实体生长、老化,必须尽快销售,一般草菇包皮开裂时间不会超过 12 小时,并且尽量不采用大容器存放或大堆存放;鲜销时采用小包装可以有效阻止草菇呼吸产生大量热量,延长草菇鲜销货架期。

（五）二茬菇的管理

采过第一茬草菇后,培养料中的碳、氮营养均会明显下降,为增加下一茬草菇产量,要结合补水补充一些营养液,营养液可以到专业商店购买现成的食用菌专用微肥,也可以自己配制。

1. 补充营养 第一茬菇采收结束后,及时清理料面死菇、菇根,保证子实体生长场所卫生,并在培养料的出菇面上喷洒增产微肥,通常用得比较多的增产微肥有菇大壮、防霉多潮王、蘑菇专用肥等食用菌专用微肥。

喷施方法:喷施微肥的多少具体要根据菇床原料的含水量和出菇季节来决定,菇床含水量低时多补、含水量合适时少补,高温季节多补、低温季节少补。一般补充营养液的量在 200～500 克/米^2,补水后应采取保温措施,如关闭门窗、适当通风,目的是促进原料二次升温,菌丝再度生长,促进菌丝养分积累,一旦料温上升后就要适当通风,通风量大小和时间具体以培养料料温下降幅度越小越好。一般补水后 2～3 天,菇床上面就会有小菇蕾出现。

2. 自制营养液 100 千克水中加入葡萄糖 1 千克、硫酸镁 0.1 千克、磷酸二氢钾 0.5 千克、维生素 B$_1$200 片,充分拌匀(具体使用量和使用方法参照微肥)。

3. 调节酸碱度 第一茬菇采收后,料中的 pH 会因菌丝的代谢而降低,喷洒 0.5% 石灰水,调整培养料的 pH 达到 8～8.5,不但可以满足草菇对 pH 的需求,更可以有效抑制培养料中的杂菌的发生。

补肥可以有效提高二茬菇产量,买正规生产厂家的食用菌专用微肥一般营养比较全、质量有保证,但最好先试验后再大面积应用,以免效果不理想,错过最佳生产喷肥期;自己配制营养液时一定要注意购买质量合格的原料,防止原料质量不合格影响营养液效果。

在草菇的生长发育过程中，会因管理不当或环境不适而出现问题。本节主要介绍草菇生产中容易出现的问题和解决办法。

在草菇的菌种生产期和种植过程中,能够做到勤于观察、精心管理,对其出现的各种异常现象能够准确识别,并能及时采取相应的控制措施对草菇生产来说是至关重要的,草菇种植户一定要掌握草菇生产中常见问题的识别及其有效解决方法,才能减少各种病害的发生,从而达到草菇种植的高产、优质。

例如2004年,新乡地区有不少双孢蘑菇种植户为了充分利用蘑菇房(双孢蘑菇种植的时间最早在每年的8月后,在每年的5～8月这段时间生产场地基本是闲置的)及提高双孢蘑菇培养料的利用率(草菇培养料经添加部分新鲜培养料或二次发酵等技术处理后可以用来生产双孢蘑菇),在有关双孢蘑菇技术人员(供应菌种的销售人员)的鼓动下,开始种植草菇,当时由于是第一年种植草菇,许多菇农基本不懂草菇的种植技术,只是听从双孢蘑菇技术员的安排来进行草菇生产。由于草菇的生产种植不同于双孢蘑菇的种植,加之技术员指导不到位,菇农管理技术不到位,再加上菇农没有对草菇种植过程中各种异常现象的鉴别能力,导致了许多种植户种植失败,失败的一个主要原因就是菇农不能及早发现一些常见病害和不正常现象,导致病害快速蔓延,待技术员发现时已没有办法解决了。

(一)菌种生产期常见的问题及防治

1. 菌种袋或菌种瓶表面污染较多

(1)发生原因 ①灭菌不彻底污染。菌种制作过程中需要对培养料进行杀菌,可采用高压灭菌和常压灭菌,高压灭菌和常压灭菌效果都一样,关键是操作好。之所以出现灭菌不彻底现象,主要是:高压灭菌时高压锅内冷空气未排净而出现的假压现象(假压现象:是指高压灭菌锅的压力表指示达到预定压力后,高压锅内实际温度未达到压力表所指示压力应该对应的温度)或者压力表不准而造成的;常压灭菌锅灭菌时灭菌时间不够或蒸汽不足、汽包不硬、温度不够100℃引起的;装锅时菌种袋过密、过紧,叠加层数过高,菌种袋与菌种袋之间没有缝隙,灭菌时蒸汽不容易扩散、温度不均匀,形成灭菌死角造成的。②原料湿度偏小或干湿不匀污染。通常在拌料时因为经验不足或不细心,会出现原料加水不足,培养料含水量达不到50%;也会出现原料预湿不够,拌料时干湿不匀或培养料外湿内干等问题,这些都会造成灭菌时,杂菌不能完全被杀死。③塑料袋破损污染。有的是由于塑料袋本身有微孔,有的是在装袋、灭菌、接种、运输等操作过程中,人为操作不细心或机械磨损等造成的菌种袋破损、刺孔造成的杂菌侵入形成了污染。

(2)防治措施 ①按照灭菌操作程序严格进行菌种袋或菌种瓶的灭菌,并确保灭菌锅正常工作。②按照料水比进行配比,用搅拌机搅拌时每次搅拌时间不要低于10分,并且要用手抓原料测试每批料湿度;同时对于颗粒比较大和原料密度比较大的原料,一是可以对原料提前进行预湿;二是原料拌好后,不要急于装袋或装瓶,让其发酵24小时再检查培养料湿度,湿度合适后再进行装袋或装瓶。③在操作过程中要做到小心细致、轻拿轻放;要检查每批塑料袋质量;高压灭菌排放冷空气时,要注意慢慢排放,防止发生"涨袋"现象。

2. 菌种袋口或菌种瓶口污染

(1)发生原因 ①母种、原种带有杂菌。如果选用的母种、原种带有杂菌时,转扩的

下一代菌种原种、栽培种一定带有杂菌,一般是接种 3 天后即可发现菌种袋口或菌种瓶口出现杂菌感染。②接种污染。在接种过程中,由于接种箱密封不严、超净工作台未提前开或机械故障、接种工具或接种人员手消毒不彻底,以及接种箱摆放过多或者使用化学灭菌剂质量、含量不合格,灭菌效果不好等均会形成污染。③棉塞污染。母种制作时不小心在试管口留有培养基或原种瓶口、栽培种袋口培养基清理不干净,会造成棉塞与培养基相接触,一旦灭菌时棉塞受潮,就会导致杂菌侵入形成污染。④接种前的污染。已进行过灭菌的试管、原种瓶和栽培种袋由于环境条件差、污染源多、接种不及时以及搬运、操作不当等原因在未接种前,已萌发生长杂菌而形成污染。

(2)防治措施 ①严格挑选所用的母种、原种,严把原种、母种质量关,坚决剔除有问题和有疑是问题的母种、原种。②接种前检查接种箱的密封性和超净工作台设备运行状况;严格无菌操作程序,对接种箱、接种工具严格消毒;接种人员要带无菌手术专用手套,并用 75% 酒精严格消毒;要对接种室和周围环境,进行卫生清理和环境消毒。③制作试管种分装培养基时,不要将培养基留在试管口,同时摆试管斜面培养基时防止培养基倒流;制作原种、栽培种时注意清理瓶口或袋口,不要让培养基沾到瓶口或袋口上;三是为防止棉塞潮湿,灭菌后待压力回零 1~2 小时内及时打开锅盖将灭好菌的试管、原种瓶、栽培种取出,不要待锅内温度全部冷却后再取出,以免棉塞受潮。④对制种周围环境在灭菌、制作菌种前进行卫生清理和场地消毒,并在进行高压或常压灭菌后进行二次场地消毒,减少环境中杂菌数量;对已进行过灭菌的试管、原种瓶和栽培种袋要在 48 小时内及时进行接种,但考虑到试管培养基冷凝水问题,接种时间也必须控制在 7 天以内;原种瓶和栽培种袋在搬运和操作过程中一定要轻拿轻放。

3. 培养污染

(1)发生原因 ①培养室使用时间长、杂菌多。长时间使用的菌种培养室由于使用时间长,必定会存在生长环境杂菌基数高和微生物小环境问题,导致培养菌种时污染率高。②培养室湿度大,滋生细菌。在培养菌种过程中,如果培养室潮湿,培养室内容易滋生杂菌,增加菌种培养期间污染率。③棉塞松动感染杂菌。试管、原种瓶和栽培种套环大部分都是用棉花或丝绵作棉塞,如果棉塞松动必定在运输、搬运等过程中有松动和脱落现象,增加菌种培养期杂菌感染率,造成菌种感染。④温度不适合造成污染。培养室温度过高、过低都会影响菌丝生长速度,培养室温度过高会出现"烧菌",造成菌种污染;培养室温度过低,菌丝生长速度慢,增加杂菌感染概率。⑤害虫、老鼠危害后污染。培养室内如果有害虫、老鼠,必定危害正在培养的原种瓶和栽培种袋,造成原种瓶、栽培种套环棉塞脱落、塑料袋破损和菌丝生长势下降,增加杂菌感染菌种机会,造成菌种培养时杂菌感染。

(2)防治措施 ①对长时间使用的菌种室,要定期通风,改善小环境微生物群落;进行定期消毒,依照每 7~10 天用场地专用消毒剂进行一次培养室场地、空间消毒;及时清理已污染菌种,减少已污染菌种对培养室的二次污染。②加大培养室通风量,降低培养室内湿度;在培养室用容器盛生石灰块放在培养室内。③用棉花或丝绵作棉塞时,一定要加强管理和检查,减少棉塞松动现象。检查标准:用手拿住塞好的试管、原种瓶和栽培种套环外漏的棉花头,以棉花塞不脱落为标准。④保持培养室温度稳定,防止温度忽高忽低,同时要经常检测菌种瓶和菌种袋之间的温度。⑤投放杀鼠剂,控制老鼠破坏培养期菌种;对培养室定期喷洒杀虫剂,防止害虫对菌丝的侵害。

4. 原种、栽培种生长细弱

(1)发生原因 ①培养料透气性差。在配制培养料时,如果培养料透气性差,菌丝生长时,原种瓶、栽培种袋内靠近瓶壁和袋壁部分菌丝生长旺盛,但原种瓶、栽培种袋中间部分由于缺氧菌丝生长细弱。②培养料酸碱度不合适。在配制培养料时,一方面是培养料配制酸碱度不合适,另一方面是培养料灭菌时达到灭菌温度时间偏长,导致培养料酸败造成培养料酸碱度下降。草菇菌丝生长喜欢偏碱培养料,在偏酸环境(pH≤7)中草菇菌丝生长不旺盛、细弱。③培养料未做预处理。草菇菌丝本身生长势不如平菇、金针菇等其他食用菌品种,只能吸收利用小分子有机物,对于高分子有机物和无机物必须依靠菌丝分泌水解酶后再利用,如对培养料进行预处理、发酵,可以加速培养料分解促进菌丝生长,培养出的菌丝也必定旺盛、粗壮;反之,菌丝生长必定细弱。④培养料湿度不合适。培养料湿度直接关系菌丝生长,培养料湿度过湿、过干都不利于菌丝生长。培养料过湿,生长初期菌丝生长旺盛,但菌丝生长开始后原种瓶和栽培种内水分大必定引起缺氧现象,造成菌丝生长势不旺;培养料过干,使菌丝生长缺少水分,培养料外湿内干不利于菌丝生长,造成菌丝生长细弱。⑤菌种培养温度偏高。菌种培养室温度在30～33℃情况下,原种瓶与栽培种瓶以及原种袋与栽培种袋之间温度达33～36℃,最适合菌丝生长,菌丝生长速度快;如果菌种培养室温度超过40℃,菌丝生长过快,不利于菌丝正常生长,培养出的菌丝必定细弱、不旺盛。⑥培养料配方不合理,营养不全面。

(2)防治措施 ①配制培养料时选料要合理,不要单一使用透气性差的培养料,去除料中各种杂质尤其是培养料中的大量泥土。②配制培养料时将培养料的 pH 调节到9 以上,培养料灭菌时前期加温要快,常压灭菌时袋温达到100℃的时间不要超过 4 小时,另外培养料不要长时间发酵,如果发酵,在使用培养料时要提前对培养料的 pH 进行调节。③按照各种培养料预处理方法提前做培养料预处理。④调节好培养料的水分并搅拌均匀。⑤菌种培养过程中严格按照草菇菌丝的适宜温度控制发菌室温度。每天观察和记录发菌温度,发现温度异常要及时处理。⑥选用合理配方,保证培养料营养全面。

在生产过程中有许多原因会造成菌种污染,因此,要想培育出优质的草菇菌种,不仅要严格按照生产程序进行培养,而且还要注意生产细节。

（二）出菇前常见的问题及防治

1. 菌种播种后不萌发

（1）发生原因 ①菌种不合格。菌种播种后超过 24 小时不萌发或萌发不好,可能是菌种菌龄偏长或者草菇菌种培养好后在低温环境中存放时间过长而造成的。②培养料温度控制不合适。一方面当气温较高、培养料铺设偏厚、发菌房保温性能较好时,培养料内温度长时间超过 42℃ ,菌丝受培养料温度过高影响发生"烧菌",造成菌丝生长萎缩和自溶现象;另一方面当气温偏低、昼夜温差过大时,也会引起菌丝萎缩不长。需要注意的是:菌丝生长期培养料温度不能长时间低于 30℃ ,低于 28℃ 菌丝生长缓慢直至停止生长,即使培养料菌丝生长完成后,草菇产量也不高,甚至会有不出菇现象。③水分控制不合适。当培养料含水量超过 75% 时,培养料含水过高不透气,再加上菇房通风条件不好,培养料会出现缺氧等问题,导致菌丝萎缩而自溶;培养料含水量过低时也会出现菌丝生长不正常问题,但这种现象一般对草菇种植影响较小。④培养料酸碱度不合适。首先是培养料配制时 pH 偏低,经过一段菌丝生长,培养料 pH 继续下降,从而引起菌丝生长缓慢。⑤杂菌与害虫危害。竞争性杂菌如鬼伞菌、毛霉等发生后与草菇菌丝争夺营养,侵染性杂菌如绿霉、链孢霉、石膏霉发生后影响种植成功率;害虫如菇蝇、菇蚊幼虫和线虫、螨类等会蚕食草菇菌丝、分泌毒素,并会引起杂菌、病毒感染,致使菌丝萎缩死亡。

（2）防治措施 ①使用菌丝生长旺盛的适龄菌种,并且保证菌种存放环境温度不得过低(≤28℃)。②播种后,要注意观察培养料温度变化,控制培养料温度进行恒温发菌。培养料温度高时应采取通风换气和地面喷水、空间喷雾进行降温,温度低时要进行保温、增温,保证培养料温度。③培养料配制时要严格注意培养料湿度,做到宁干勿湿,严防培养料湿度过大。④培养料配制时使用新鲜石灰,防止使用搁置时间长的石灰,以免造成按比例使用了足够量的石灰,而没有达到预期效果。②在播菌种前,对要播种的培养料测量酸碱度,保证播种时培养料 pH 不低于 8,不高于 9。⑤严格按照草菇种植技术做好细节管理。培养料要采用二次发酵处理,并且发酵一定要彻底。选用优良菌种加快发菌速度,减少竞争性杂菌发生机会。要及时、定时对发菌房进行杀菌、杀虫处理,防止杂菌、害虫发生。对发菌房周围卫生经常进行清理,并定时喷洒杀菌剂、杀虫剂。

2.　菌丝生长过旺　在草菇栽培过程中,有时因为高温、高湿环境,或者菌丝生长温度偏低、培养料含氮量偏高等因素影响,菌丝生长过旺,气生菌丝偏多,在培养料表面形成一层菌皮,消耗培养料养分、影响幼菇的形成和生长,严重时影响草菇种植产量。

(1)发生原因　①气温低。对于提早或者延后栽培,以及反季节栽培过程中,有时因为气温低,要使用蒸汽进行连续加温,在高温、高湿环境中,草菇气生菌丝生长旺盛、浓密,由于通风不及时和通风量不够,有时在培养料表面会形成菌皮覆盖培养料表面,影响幼菇形成,严重时还会"吞没"幼菇,影响产量。②高温、高湿环境。常规种植季节中,在菌丝生长期,如果喷水量大、气温高,特别是喷结菇水以后,没有进行有效通风,在高温、高湿环境中同样会出现菌丝旺长,形成菌皮。③培养料含氮量过高。也是造成气生菌丝生长旺盛的一个主要原因,也会形成菌皮,影响出菇。

(2)防治措施　①气温低的季节种植时,培养料含水量要低一些,不要超过65%;要注意通风,选择在每天白天的中午气温最高时进行通风换气;出菇前培养料含水量如果符合正常含水量,可以不喷出菇水或少喷出菇水。②喷水后要注意通风;喷结菇水后更要注意通风降温降湿,通过通风降低培养料温度(30～33℃为宜,不超过35℃),并带走培养料表面多余水分。③按照配方进行配料,一方面不要为了增产添加过多的含氮物质(如麸皮、米糠、氮肥等),特别是使用棉子壳、废棉栽培草菇;另一方面不要故意降低含氮物质添加量。

(三)出菇期常见的问题及防治

1.　幼菇大量死亡

(1)发生原因　①培养料湿度和空气相对湿度偏低。一般情况下培养料湿度不会偏干,但在管理过程中,由于气温高、通风量大和培养料上面地膜覆盖不严或者不覆盖地膜等原因也会引起培养料湿度偏低现象,此时若开始出菇,很容易出现幼菇死亡;也有些管理者,在喷洒结菇水后,幼菇开始形成,而出菇房内空气相对湿度偏低(达不到90%),再加上通风量偏大,也容易造成幼菇死亡。②喷水水温偏低。刚刚形成的幼菇,抗逆性差、抵抗力弱,此时喷水水温偏低,会造成幼菇死亡。③幼菇不宜直接喷水。对于刚形成的幼菇,用水管进行直接喷大水也是引起幼菇萎缩、死亡的主要原因。④培养料湿度过大。容易引起培养料内缺氧,造成菌丝生长不旺,虽然形成的幼菇多,但因为养分供应不上,不能进行正常生长,从而导致幼菇萎缩、死亡。⑤料温偏低或温差过大。草菇子实体生长对温度敏感,一旦培养料温度低于28℃,草菇生长就会受到严重影响;并且对昼夜温差也非常敏感,当昼夜温差超过5℃以上时,会影响菌丝养分输送,引起幼菇萎缩,严重时会引起大菇死亡。⑥采菇损伤。在采菇时,由于采菇动作过大带动周围培养料和周围正在生长的幼菇而引起菌丝断裂,导致养分、水分输送断流、营养供应不上,幼菇萎缩、死亡。⑦培养料偏酸。草菇菌丝生长和子实体生长均喜欢偏碱环境,特别是在子实体生长期,如果pH低于6就很难形成幼菇,即使形成幼菇,也难以长大。⑧病害虫危害。在草菇栽培中,鬼伞菌的发生会严重影响草菇子实体的形成和生长,主要是因为鬼伞菌(鬼伞菌的发生原因:主要是培养料发酵不好和培养料含氮量较高引起的)的发生早于草菇子实体的形成,从而严重影响草菇栽培的产量;菇蝇、菇蚊幼虫和线虫、螨

类等吃草菇菌丝,也会导致草菇幼菇死亡。

(2)防治措施　①注意喷洒结菇水,调整培养料湿度;幼菇形成后及时增加出菇室空气相对湿度(达到90%以上),适当进行通风;幼菇形成后不宜直接喷水,可以喷雾化水。②喷水水温应控制在30℃左右,如果是采用井水或自来水,最好进行调温后再使用。③对刚形成的幼菇的管理,首先是增加出菇房湿度;其次是采用雾化喷水的方法少喷水;当幼菇生长到1厘米后,再加大喷水量;喷水一定要和通风相结合,喷水后及时通风,通过通风带走菇体表面多余水分。④控制培养料湿度,做到培养料宁干勿湿,特别在温度低的季节种植时,更应注意培养料湿度;当草菇菌丝布满培养料后,要注意测量培养料湿度,如果湿度偏大,可以不喷或少喷结菇水。⑤幼菇形成后,注意防止通风降温问题,尽量创造适宜幼菇生长的温度条件。⑥采菇时动作要轻,对生长成熟度不均匀的菇采收时,尽量同时采收;采收时,用刀片采大留小,不要用手去拧、去拽。⑦培养料配制时添加足够量石灰调整培养料酸碱度;喷结菇水时,可以喷一点清石灰水;在头茬菇结束后,在培养料表面喷0.5%石灰水进行补水。⑧按照比例配制培养料,防止氮肥偏高;对培养料进行二次发酵,防止杂菌发生;定期喷洒杀菌剂、杀虫剂,防止病虫害的发生和蔓延。

2．"肚脐"菇

(1)发生原因　主要是子实体现蕾后,由于出菇浓度过多和生长环境高温、高湿,并且通风不良,从而造成生长环境二氧化碳过高,子实体生长缺氧而引起的一种生理病害。

(2)防治措施　只要加强通风、定时通风,按照通风管理要求正常管理即可防止"肚脐"菇的发生。

3．"浅色"菇

(1)发生原因　草菇子实体颜色可以随着光线的加强,颜色逐渐加深,当草菇子实体现蕾后,如果生长环境光照不足,光线过暗,草菇子实体颜色会变的过浅,从而形成"浅色"菇或"白色"菇,是一种生理性病害。

(2)防治措施　在管理上,只要适当增加散射光,按照子实体生长光线要求正常管理,即会避免"浅色"菇的形成;但出菇房光线也不可过强,光线过强一是会加重菇色,二是会影响子实体的生长,三是会影响生长环境湿度,从而造成草菇减产。

(四)常见病害及防治

1．小菌核病

(1)发病症状　菌丝体生长及子实体形成阶段易染病。发病初期,在草菇或菇床上出现银白色菌丝,棉絮状、稀疏、有光泽,并逐步向四周扩散形成白色菌落,然后白色菌丝逐渐消失,出现似油菜子状小菌核,致子实体不能形成,或小子实体凋萎,大子实体虽不凋萎,但长出不规则裂纹或皱褶,失去商品价值。

(2)发病特点　病菌生活在土壤中或有机质上,能侵染多种蔬菜或禾谷类作物。栽培草菇的稻草或其他作物秸秆多带菌。草菇播种后如在高温高湿条件下,病菌在草堆中迅速繁殖扩展,不仅使草菇培养料养分被消耗,病菌还分泌毒素杀死或抑制草菇菌丝的生长发育,严重的还会造成完全不出菇,或直接危害子实体。

（3）防治措施　①培养料中添加适量石灰,并保证充分混合均匀,使培养料的pH达到8。如以稻草、麦秸为主料,将培养料置于5%~7%石灰水中浸泡2天后,用清水冲洗,使稻草的酸碱度低于9,否则稻草碱性过强不利于菌丝生长发育。②场地在使用前,喷洒2%福尔马林消毒。③局部发生,可撒石灰粉覆盖发病区域。

2. 疣孢霉褐腐病　又称白腐病或水疱病。

（1）发病症状　在不同阶段及不同条件下症状表现不一样,当播种后发菌阶段,病原菌的基数较大时,病菌可侵染菌丝形成菌索,发病后在菇床培养料表面形成一堆一堆的白色绒毛状物,这是病原菌的菌丝及分生孢子,不久白色绒状物转变成黄褐色,并出现黄褐色水珠,最后出现腐烂症状并散发出臭味;当形成原基及幼小菇蕾时受病菌侵染,则出现马勃状的菌块组织,不分化形成菌柄与菌盖,马勃状的菌块初为白色,后变黄褐色并在表面渗出褐色水珠后而腐烂,原基分化结束受侵染发病后的症状表现为子实体畸形,菇柄肿大,菇盖变小,表面有白色绒毛状菌丝,后期同样变褐色和渗出褐色汁液而腐烂,所以称为水疱病或白腐病;子实体生长后期受侵染后,在菇盖上出现凹陷的褐色至黑褐色病斑,并在病斑表面长出灰白色霉状物,此为病原菌的菌丝,分生孢子梗及分生孢子。

（2）发病特点　该病菌喜生活在有机物中,病菌靠覆土带菌进入菇床,也可从培养料带菌进入菇床,通过气流、菇房的人工管理及菇床上的害虫等扩大传播。菇房通风不良、高温高湿的环境条件有利于该病的发生。

（3）防治措施　①培养料进行高温堆制和后发酵。②老菇房在进料前进行消毒处理,先将表面土去掉,填进不带病菌的新土,然后喷福尔马林加敌敌畏进行密闭消毒。③如采用覆土栽培,覆土材料在使用前5~7天就要用福尔马林进行熏蒸消毒。福尔马林熏覆土土粒的方法是1米³土粒用200毫升福尔马林,兑水1~1.5千克,均匀喷洒到土粒上后,将土粒堆成一堆,随即用好的塑料薄膜将土堆严实覆盖,密封熏蒸48小时,然后掀开膜,扒开土堆,让残留的福尔马林自然挥发2~3天后才可铺在菇床上。④杀菌剂拌料。培养料进菇房前的最后1次翻堆时,可用25%或50%的苯菌灵拌入料内,用药量分别为150克和100克。⑤化学防治。菇床上一旦发生病害后,应及时清除病菇并集中处理,防止病菌孢子进一步扩大传播。清除病菇后停止喷水1天,再用25%的多菌灵1 400倍液或65%的代森锌1 500倍液喷洒床面。

3. 球毛壳菌病

（1）发病症状　发病初期,该菌丝和草菇菌丝不易区别。毛壳菌菌丝初期呈灰色,随着菌龄的增大而变成白色,几天后在菌丝丛中出现颗粒状小点,此时,会形成褐色或绿色的、针头大小的颗粒。该菌能直接抑制草菇等食用菌菌丝的生长,被侵染后的培养料会散发一种阴湿臭味或霉臭气味。发病区域不长草菇菌丝。草菇子实体感病后,菇蕾停止生长。

（2）发病特点　毛壳菌是一类生活在纤维素丰富的物质上的一种腐生性杂菌,与食用菌菌丝争夺营养,并能产生毒素来抑制食用菌菌丝的生长。前发酵时氧气不足,后发

酵时发热过甚,发酵过度、湿度过大、培养料中的氨气过多,都利于毛壳菌的生长。在温度高、湿度大的开放式栽培环境下,极易发生毛壳菌危害。

（3）防治措施 ①菇棚内外,要保持良好的环境卫生,及时处理丢弃的废料后,用食用菌专用场地消毒剂进行地毯式的喷洒消毒处理。②合理配料,正确堆制,避免培养料过湿、过厚、过紧,造成培养料氧气不足。堆制完毕后,要将氨气散发后,培养料再进菇房。如培养料含水量过高,进房前最好摊晒1天,既可控制适宜的含水量,又可散发氨气。③培养料上菇床时,在培养料内拌入适量克霉灵,可有效预防和控制毛壳菌的发生。④控制培养料内适当碳氮比值,防止氮素含量过高,特别是麸皮或米糠的用量不能过多。

（五）常见的杂菌及防治

1. 鬼伞类杂菌

1）形态特征与危害 鬼伞类杂菌包括黑汁鬼伞、粪污鬼伞、长根鬼伞等。子实体白色,很快开伞,变黑并自溶如墨汁。鬼伞的生活周期一般比草菇早2~3天,与草菇争夺营养,影响草菇的产量;鬼伞腐烂时,菇房气味难闻,由此常常会导致霉菌的产生。鬼伞主要靠空气及堆肥传播,培养料发酵时过湿、过干或含氮过多均有利于鬼伞的发生,特别是培养料中添加发酵不充分禽畜粪或尿素和培养料 pH 低于6时,常常会导致鬼伞的大量发生。

2）防治措施 ①尽量选用新鲜培养料,使用前暴晒2天,或用石灰水浸泡原料。②控制培养料的含氮量,发酵料或发酵栽培时,麦麸或米糠添加量不要超过5%,禽畜粪以3%为宜。无论用何种材料栽培,最好进行二次发酵,这样可大大减少鬼伞的污染。③发酵时控制培养料的含水量在70%以内,以保证高温发酵获得高质量的堆料。同时,培养料拌料时,调节培养料的 pH 至10左右。

2. 霉菌 草菇在栽培的过程发生的霉菌主要有绿色木霉、青霉、毛霉、曲霉和链孢霉,尤其是以棉子壳为主料栽培时更容易产生霉菌。草菇的整个栽培过程都会发生霉菌危害,各种霉菌在高温条件下迅速生长占领料面,与草菇争夺养分,分泌有毒的酵素抑制草菇菌丝生长,造成栽培失败、减产。

（1）木霉

1）形态特征与危害 在4~42℃都能生长,孢子萌发喜高湿环境,侵害草菇培养基时,初期白色棉絮状,后期变为绿色。菇蕾出现后,多从草菇基部开始侵染,使菇蕾萎缩,枯死;蛋形期至伸长期,表现为菇体水渍状,软腐。病部初产生白色菌丝,后转为绿色。菌种如果被木霉危害,必须报废,即使轻度感病的菌种也应弃之不用。木霉至今没有理想的根治性药物,常用的杀菌药,对木霉只是抑制,而不是杀死,加大药量,只能同时杀死木霉和草菇菌丝。因此,创造适合草菇菌丝生长而不利于木霉繁殖的生态环境,是控制其危害的根本措施。

2）防治措施 一旦发生木霉危害,要立即通风降温,以抑制木霉的扩展,处于发菌阶段的培养料感病以后,可采用注射药液的方法抑制木霉蔓延,常用的药液有50% 多菌灵、40% 克霉灵(二氯异氰尿酸钠)、300~500 倍万菌消(稳定性二氧化氯)以及 pH 为

10 的石灰水,此外,往污染处撒白灰面,防治效果也很明显。此外,严把菌种关,选择生活力旺盛、抗杂菌污染的菌种是防治霉菌的关键措施之一。

（2）链孢霉

1）形态特征与危害　生长初期呈绒毛状,白色或灰色,生长后期呈粉红色、黄色。大量分生孢子堆集成团时,外观与猴头菌子实体相似,链孢霉主要以分生孢子传播危害,是高温季节发生的最重要的杂菌。链孢霉菌丝顽强有力,有快速繁殖的特性,一旦发生,便是灭顶之灾,其后果是菌种、培养袋或培养块成批报废。

2）防治措施　链孢霉的药物防治可参照木霉的防治。菌袋菌丝生长初期,如果发现链孢霉,要在分生孢子团上滴上柴油,可防止链孢霉的扩散。

（3）毛霉

1）形态特征与危害　毛霉又叫黑霉,长毛霉,菌丝初期白色,后灰白色至黑色,说明孢子囊大量成熟,该菌在土壤、粪便、禾草及空气中到处存在。在温度较高、湿度大、通风不良的条件下发生率高。发生的主要原因是基质中使用了霉变的原料,接种环境含毛霉孢子多,在闷湿环境中进行菌丝培养,等等。

2）防治措施　同木霉防治措施。

（4）白色石膏霉

1）形态特征与危害　常在草菇料床上发生,开始在料面上出现白色绵毛状菌丝体,后期变成桃红色粉状颗粒。在培养料发酵不良、含水量过高、酸碱度过高的条件下,易发生和蔓延。

2）防治措施　严格按照培养料的堆制要求,掌握好发酵温度,可适当增加过磷酸钙和石膏的用量,培养料要进行二次发酵,覆土要用福尔马林熏蒸处理。在菇床上发生时,可用1:7的醋酸溶液、2%的福尔马林溶液喷洒,也可以在发病部分撒施过磷酸钙。

（5）褐色石膏霉

1）形态特征与危害　主要发生在双孢蘑菇、姬松茸、草菇等菇床上。初期在菌床上出现稠密的白色菌丝体,不久变成肉桂褐色。常生长在木制器具或床架上,借未经处理的工具和覆土传播。潮湿、过于腐熟的培养料有利于其发生。

2）防治措施　培养料堆积发酵时,堆温上升到60℃以上,维持4~5天,可杀死菌核。避免培养料过于腐熟和湿度过大。发病时,减少用水,加强通风,使霉菌逐渐干枯消失。

草菇 种植能手谈经

病害发生与防治的关键是防病于先、治疗于后,重在于防、不在于治。

(六) 常见的害虫及防治

危害草菇的虫害主要有菌蚊、菇蝇、螨类、线虫等。由于草菇具有菌丝生长快、出菇快等特点,在菇床上虫害现象时有发生,常见的害虫是菇蝇、菇蚊和螨类。因此,除生产前做好培养料与菇房的消毒处理外,在生产中还要做到勤观察、勤检查,发现害虫,早处理、彻底处理。

1. 菌蚊

(1)形态特征与危害 危害金针菇的有小菌蚊、眼菌蚊、异型眼菌蚊、闽菇迟眼菌蚊、狭腹眼菌蚊、茄菇蚊及金毛眼菌蚊等。成虫体小而柔弱,其幼虫称为菌蛆。一年可繁殖多代,且有世代重叠现象,成虫不危害金针菇及其他食用菌,具有较强的趋光性。幼虫孵化后,取食金针菇的菌丝及培养料中的营养成分,可导致培养料变色、疏松。受菌蛆危害严重的菌袋,菌丝生长不良或出现退菌现象,出菇时间延迟且菇蕾少,甚至不能出菇。

(2)防治措施 ①室内栽培时,门窗上安装窗纱或防虫网,阻止成虫飞入菇房。②菇房内安装灯光诱杀装置杀死成虫。③药剂防治可用二嗪农、菊酯类或生物杀虫剂灭幼脲拌料、杀虫。

2. 菇蝇

(1)形态特征与危害

1)蚤蝇 成虫小蝇状,体黑色或褐色,有趋光性,成虫白天潜伏,晚上活动。主要危害已长菌丝培养料。幼虫取食菌丝体和子实体,具有集中危害的习性,以钻蛀方式危害子实体。菇蕾受到侵害,颜色变褐、枯萎、腐烂。

2)果蝇 成虫体长3~4毫米,体淡黄色,幼虫取食菌丝和子实体,可使菌丝萎缩,子实体腐烂。

(2)防治措施 ①保持菇房和场地周围的清洁卫生,及时清除菇房内外的腐烂物。特别是在播种后2~3周内,注意防止蚤蝇成虫飞入菇房繁殖危害。②出菇前,可用虫螨杀1 000倍液喷雾。出菇后,可用20%菊酯800~1 000倍溶液喷施。③果蝇成虫对糖醋液有趋性,可用酒:糖:醋:水:90%敌百虫晶体按1:2:3:4:0.01的比例制成诱杀液,置于灯光下诱杀成虫。

3. 跳虫

（1）形态特征与危害　跳虫称烟灰虫、弹尾虫，其种类较多，分布广泛。危害金针菇的主要有菇紫跳虫、菇疣跳虫等，其形如跳蚤，弹跳灵活，体长1~2毫米，体色多为灰黑色、蓝紫色或灰色。跳虫常群居危害，取食金针菇的菌丝、菇蕾和开伞的子实体，可使菌丝萎缩、菇蕾生长受阻，开伞子实体的菌褶呈锯齿状。跳虫喜居潮湿、阴暗的草丛或有机物堆上，一旦受惊便跳入阴暗角落或地上。

（2）防治措施　①出菇前搞好菇棚、菇房周围的环境卫生，避免跳虫滋生。②菇棚、菇房使用前晾晒干燥，老菇房清理干净，向地面及墙壁四周喷洒0.9%虫螨克乳油1 000~1 500倍液，或氯氰菊酯乳油2 000~2 500倍液杀虫。③出菇期可用0.9%虫螨克乳油1 500倍液，或0.1%鱼藤精200倍液，或1%苦参素水剂1 000倍液喷洒防治。

4. 螨类

（1）形态特征与危害　螨类有多种，对人类有害的螨类人们习惯称之为害螨。害螨对金针菇的危害较大，不论在菌种生产、保藏和栽培过程中，还是干菇储藏阶段，均可受其危害。害螨不但取食金针菇的菌丝、孢子及子实体，而且可能传播多种病害。害螨类食性杂，繁殖速度快，1年可完成几个至十多个世代。有些害螨，除危害菇类外，还可引起管理人员皮肤瘙痒、慢性皮炎、眼皮肿胀等疾病。

（2）防治措施　害螨的防治以预防措施为主。首先是菇房内外的环境卫生要搞好，特别是废培养料必须清除干净，菇房内的各种用具、工具必须彻底清洗和进行消毒。其次是防止培养料本身带螨，防止菌种本身带有害螨。用25%菊乐合酯2 000倍液与80%敌敌畏乳液1 000倍的混合液可有效杀死害螨。

5. 线虫

（1）形态特征与危害　线虫体型较小，成虫体长仅1毫米左右，主要危害金针菇的菌丝体和子实体。尤其在生料栽培时易遭其危害，熟料栽培时多发生在第二茬与第三茬菇。侵染初期不易发现，只有大量繁殖后才出现被害症状，使培养料呈黑褐色、湿腐状，造成金针菇菌丝出现"退菌"现象，子实体不易形成或生长发育受阻，严重时可使子实体死亡、腐烂。

（2）防治措施　在发菌期，可将菌袋堆高3~5层（视环境温度高低），1米²用磷化铝一片，用塑料薄膜盖严，密闭熏蒸48小时。在出菇期，可喷洒1:500倍的虫螨杀溶液杀虫。

6. 马陆

（1）形态特征与危害　马陆属节肢动物门，多足纲，圆马陆科。又叫假百足虫，形如蜈蚣，体节两两愈合，除头节无足，头节后的3个体节每节有足1对外，其他体节每节有2对足，足的总数最多可达200对，体红褐色，长3厘米左右，有恶臭味，昼伏夜出。马陆主要取食发酵料中的菌丝体和幼菇。被侵害的培养料变黑发黏、发臭，并有马陆特有骚味；幼菇被咬食成孔状或缺刻，并留下骚味，严重时菇房骚味难闻。

（2）防治措施　一是保持菇房干净卫生，适当降低培养料菇房湿度，增强光线，可减少马陆危害；二是用敌敌畏800倍液喷洒在马陆经常出入的地方进行毒杀。

诚告家行

虫害也是影响草菇质量、产量的重要因素,防止虫害发生是栽培草菇的重要工作,同病害防治方法一样,重在预防、重在早治;避免发生严重后再去打药治疗,治疗效果不好,也容易产生药害,影响产品质量。

草菇

种植能手谈经

下篇

专家点评

种植能手的实践经验十分丰富，所谈之"经"对指导生产作用明显。但由于其自身所处工作和生活环境的特殊性，也存在着一定的片面性。为保障广大读者的权益，特聘行业专家针对种植能手所谈之"经"进行解读和点评，请大家用心阅读。

学菇 种植能手谈经

点评专家代表简介

　　李峰,男,共产党员,研究员,电话:0373-3516058。1986年,于河南省百泉农业高等专科学校毕业后,一直从事食用菌品种选育和技术研究、开发、推广工作,现任新乡市农业科学院食用菌研究所所长、河南省现代农业产业技术体系食用菌综合试验站站长、新乡市优秀专家、新乡市食用菌工程技术研究中心主任。

　　先后完成12个项目的研究,获得省、市级科技成果多项,其中河南省星火科技成果二等奖1项、三等奖2项、河南省农业科学院二等奖2项、三等奖2项,新乡市政府一等奖3项、二等奖1项、三等奖1项,河南省社会科学联合会一等奖1项,新乡市科学技术协会优秀项目奖1项,发表科技论文20多篇,撰写专业书籍5部。

专家点评

一、关于栽培场地的选择问题 ----------◆

　　栽培场地的选择是草菇种植的一个重要环节,一方面是场地环境条件影响草菇质量,另一方面是场地交通条件影响草菇产品的及时销售。

随着国家对蔬菜、食用菌产品的严管和抽检的批次增加、以及农产品市场准入机制的逐步完善,生产出的产品是否达标已成为影响产品销售的重要因素;栽培场地对于产品的质量影响较大,栽培场地一旦达不到我国农业行业标准(NY 5358—2007)《无公害食品 食用菌产地环境条件》要求,将来生产出的产品质量就没有保证,随之而来的是销售问题,因此,千万不可忽视草菇种植场地选择这一重要环节。同时要注重种植原料的选择,保证种植原料达到我国农业行业标准(NY 5099—2002)《无公害食品 食用菌栽培基质安全技术要求》。

知识链接

(一) NY 5358—2007 无公害食品 食用菌产地环境条件

1.范围 本标准规定了无公害食用菌产地选择、栽培基质、土壤质量、水质及产地环境调查与采样方法和试验方法。

本标准适用于无公害食用菌产地。

2.规范性引用标准 下列文件中的条款通过本标准的引用而成为本标准的条款。凡是标注日期的引用文件,其随后所有的修改单(不包括勘误内容)或修订版均不适用于本标准,然而,鼓励根据本标准达成协议的各方研究是否可使用这些文件的最新版本。凡是不注明日期的引用文件,其最新版本适用于本标准。

GB/T 5750 生活饮用水标准检验方法

GB/T 7468 水质 总汞的测定 冷原子吸收分光光度法

GB/T 7475 水质 铅、镉的测定 原子吸收分光光度法

GB/T 7485 水质 总砷的测定 二乙基二硫代氨基甲酸银分光光度法

GB/1 7134 土壤质量 总砷的测定 二乙基二硫代氨基甲酸银分光光度法

GB/T 17136 土壤质量 总汞的测定 冷原子吸收分光光度法

GB/T 17141 土壤质量 铅、镉的测定 石墨炉原子吸收分光光度法

NY 5099 无公害食品 食用菌栽培基质安全技术要求

NY/T 5295 无公害食品 产地环境评价准则

3.要求

3.1产地选择 食用菌生产场地要求5千米(编者注)以内无工矿企业污染源;3千米(编者注)之内无生活垃圾堆放和填埋场、工业固体废弃物和

危险废弃物堆放和填埋场等。

3.2 栽培基质 应符合 NY 5099 规定要求。

3.3 土壤质量 食用菌生产用土应符合表1要求。

表1 生产用土中各种污染物的指标要求 单位:毫克/千克

序 号	项 目	指标值
1	镉(以 Cd 计)	≤0.40
2	总汞(以 Hg 计)	≤0.35
3	总砷(以 As 计)	≤25
4	铅(以 Pb 计)	≤50

3.4 水质 无公害食用菌栽培时,生产用水中各种污染物含量均应符合表2要求。

表2 生产用水中污染物的指标要求

序 号	项 目	指标值
1	混浊度	≤3 度
2	臭和味	不得有异臭、异味
3	总砷(以 As 计),毫克/升	≤0.05
4	总汞(以 Hg 计),毫克/升	≤0.001
5	镉(以 Cd 计),毫克/升	≤0.01
6	铅(以 Pb 计),毫克/升	≤0.05

4. 产地环境调查与采样方法 按 NY/T 5295 无公害食品产地环境质量调查规范执行。

5. 试验方法

5.1 水质

5.1.1 混浊度 按照 GB/T 5750 规定执行。

5.1.2 总汞 按照 GB/T 7468 规定执行。

5.1.3 铅和镉 按照 GB/T 7475 规定执行。

5.1.4 总砷 按照 GB/T 7485 规定执行。

5.2 土壤

5.2.1 总汞 按照 GB/T 17136 规定执行。

5.2.2 铅和镉 按照 GB/T 17141 规定执行。

5.2.3 总砷 按照 GB/T 17134 规定执行。

选择草菇种植场地时，一定要请有关部门进行场地环境检测，以防大量投资建场后，生产出的产品不达标。

学菇 种植能手谈经

（二）NY 5099—2002 无公害食品　食用菌栽培基质安全技术要求

1. 范围　本标准规定了无公害食用菌培养基质用水、主料、辅料和覆土用土壤的安全技术要求，以及化学添加剂、杀菌剂、杀虫剂使用的种类和方法。

本标准适用于各种栽培食用菌的栽培基质。

2. 规范性引用文件　下列文件中的条款通过本标准的引用而成为本标准的条款。凡是注日期的引用文件，其随后所有的修改单（不包括勘误的内容）或修订版均不适于本标准，然而，鼓励根据本标准达成协议的各方研究是否可使用这些文件的最新版本。凡是不注日期的引用文件，其最新版本适用于本标准。

GB 5749　生活饮用水卫生标准

GB 15618　土壤环境质量标准

3. 术语和定义　下列术语和定义语用于本标准。

3.1 主料　组成栽培基质的主要原料，是培养基中占数量比重大的碳素营养物质。如木屑、棉子壳、作物秸秆等。

3.2 辅料　栽培基质组成中配量较少、含氮量较高、用来调节培养基质的 C/N 比的物质。如糖、麸、饼肥、禽畜粪、大豆粉、玉米粉等。

3.3 杀菌剂　用来杀灭有害微生物或抑制其生长的药剂，包括消毒剂。

3.4 生料　未经发酵或灭菌的培养基质。

4. 要求

4.1 水　应符合 GB 5749 规定。

4.2 主料　除桉、樟、槐、苦楝等含有害物质树种外的阔叶树木屑；自然堆积 6 个月以上的针叶树种的木屑；稻草、麦秸、玉米芯、玉米秸、高粱秸、棉子壳、废棉、棉秸、豆秸、花生秸、花生壳、甘蔗渣等农作物秸秆皮壳；糖醛渣、酒糟、醋糟。要求新鲜、洁净、干燥、无虫、无霉、无异味。

4.3 辅料 麦麸、米糠、饼肥（粕）、玉米粉、大豆粉、禽畜粪等。要求新鲜、洁净、干燥、无虫、无霉、无异味。

4.4 覆土材料

4.4.1 泥炭土、草炭土。

4.4.2 壤土 符合 GB 15618 中 4 对二级标准值的规定。

4.5 化学添加剂 使用方法和使用量见表3。

表3 常用化学添加剂种类、功效、用量和使用方法

添加剂种类	使用方法与用量
尿素	补充氮源营养，0.1% ~0.2%，均匀拌入栽培基质中
硫酸铵	补充氮源营养，0.1% ~0.2%，均匀拌入栽培基质中
碳酸氢铵	补充氮源营养，0.2% ~0.5%，均匀拌入栽培基质中
氰氨化钙（石灰氮）	补充氮源和钙素，0.2% ~0.5%，均匀拌入栽培基质中
磷酸二氢钾	补充磷和钾，0.05% ~0.2%，均匀拌入栽培基质中
磷酸氢二钾	补充磷和钾，用量为 0.05% ~0.2%，均匀拌入栽培基质中
石灰	补充钙素，并有抑菌作用，1% ~5%均匀拌入栽培基质中
石膏	补充钙和硫，1% ~2%，均匀拌入栽培基质中
碳酸钙	补充钙，0.5% ~1%，均匀拌入栽培基质中

4.6 栽培基质处理 食用菌的栽培基质，经灭菌处理的，灭菌后的基质需达到无菌状态；不允许加入农药。

4.7 不允许使用的化学药剂

4.7.1 高毒农药 按照《中华人民共和国农药管理条例》，剧毒和高毒农药不得在蔬菜生产中使用，食用菌作为蔬菜的一类也应完全参照执行，不得在培养基质中加入。高毒农药有三九一一、苏化203、一六○五、甲基一六○五、一○五九、杀螟威、久效磷、磷胺、甲胺磷、异丙磷、三硫磷、氧化乐果、磷化锌、磷化铝、氰化物、呋喃丹、氟乙酰胺、砒霜、杀虫脒、西力生、赛力散、溃疡净、氯化苦、五氯酚钠、二氯溴丙烷、四○一等。

4.7.2 混合型基质添加剂 含有植物生长调节剂或成分不清的混合型基质添加剂。

4.7.3 植物生长调节剂 植物激素、植物生长调节剂不允许用于生产无公害食用菌。

诚告家行

草菇种植培养基对产品质量起到至关重要的作用,选择原料、添加辅助原料、使用农药必须符合该标准,千万不敢随意进行,以防产品质量不达标。

(三)交通便利,方便销售

草菇作为高温菌,保鲜能力差,特别是以鲜销为主的生产场地必须选在交通便利的地方建立生产基地,不能在偏僻落后的农村、低洼地区或山区等交通困难地区建厂,以免影响产品的及时外运,影响商品价值;交通便利主要是指选择的生产场地尽量临近高速路口、国道路口或者重要公路。

二、为草菇创造适宜的生长环境 ‥‥‥‥‥‥‥‥ ◆

根据草菇生物学特性创造和满足适宜草菇生长的条件,减少不适宜生长条件对草菇种植的影响。

种草菇,必须了解草菇生物学特性;要种好草菇,必须熟知和掌握草菇生长规律。草菇具有和其他食用菌品种所不同的自身特点,熟知草菇生物学特性,掌握其生长规律、生长条件,创造条件满足其每个生长时期的需求,协调好温度、湿度、氧气三个主要生长条件,不仅可以延长草菇种植周期,还可以获得更高产量、更好效益。

知识链接

(一)草菇生长必需条件

草菇生长需要很多生长条件,但基本的、必需的生长条件有六个,这六个条件必须同时具备才能保证种植的成功。换句话说,这六个条件缺一不可,缺一项就不能保证种植的成功。

1. 营养条件　种植草菇原料来源较广,可以从农作物秸秆或农产品的下脚料来获得碳源,从麸皮、饼类和牛粪等辅料来获得氮源,从磷酸二氢钾、硫酸钙、碳酸钙及硫酸镁等化合物中获得无机盐。

2. 温度条件　草菇属于高温型食用菌,但其菌丝体生长温度低于15℃或高于42℃,菌丝生长会受到强烈抑制,特别是当遇到低于5℃的低温或高于45℃的高温时,菌丝均会死亡;其子实体生长温度低于25℃原基难以形成,高于40℃子实体生长速度快、个体小、极易开伞,并会很快变软而死亡。

草菇子实体在适宜温度条件下,温度越低子实体生长越慢,生产出的子实体个体大、开伞慢、菇体坚实、菇质优、商品性状好;子实体在生长期对温度极敏感,当温差变化起伏较大时(12小时超过5℃以上),由于养分倒流,易造成大面积死亡。

3. 水分条件　草菇子实体受生长环境高温影响,若空气相对湿度偏低(≤60%),子实体发育停止,并极易开伞,同时影响产量、降低品质,若空气相对湿度低于40%~50%,子实体不会分化;但空气相对湿度也不能过高(超过96%),会引起杂菌生长和影响子实体生长,严重时形成死菇,造成减产。

4. 通风条件　保证生长环境中足够的氧气可以有效促进草菇菌丝体和子实体的生长,空气中的二氧化碳含量达0.075%~0.1%,能促进子实体形成、分化;但当子实体形成后,对氧气的要求也就急剧增加,这时如果二氧化碳浓度达0.5%以上时,子实体生长发育会受到抑制,容易产生畸形菇。虽然子实体形成后对氧气需求量大,管理上要适量通风,一但通风量过大,会降低空气湿度,影响子实体生长。通风孔设置见图78。

图78 通风孔

5. 光照条件 草菇菌丝体生长阶段基本不需要光线,但出菇阶段需要一定的散射光,见图79。一般菇棚或菇房光照强度在500~1 000勒克斯时,子实体颜色深而有光泽、组织致密、质优、产量高;但强烈的直射光照对子实体有严重的抑制作用。

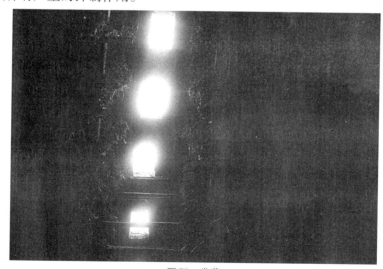

图79 发菌

6. 酸碱度条件 草菇喜欢偏碱性培养料,在配制培养料时必须向料中加入3%~4%的生石灰粉,将pH调到8.5以上,待菌丝发满出菇时,菌丝所产生的有机酸会使培养料的pH降至8,刚好满足子实体生长所需的酸碱度。

种植户都知道这六个生长要素,这六个生长要素必须同时具备才能栽培出草菇,但要想获得高产并产出高质量草菇,关键是创造最适合草菇子实体生长的条件。

草菇 种植能手谈经

(二)草菇生产的典型特点

草菇生产典型特点有"四快"、"四高"、"四低"十二个特点,可以说这十二个特点基本涵盖了草菇的整个生长过程,了解、领会这些特点有利于在种植中灵活运用学到的草菇知识,更好、更有效地栽培草菇,获得更高的产量和更好的效益,因此菇农在种植时一定要注意草菇的这些特点:

1."四快"

(1)升温快 草菇菌种播种36小时后料温即可达到40℃,播种时一定要注意不要将菌种播在培养料中间部位,要靠边和表面播种;同时注意培养料温度变化,当培养料温度超过40℃时,要及时掀膜通风降温,避免因料温问题影响种植成功率。

(2)发菌快 草菇播种后,28~32℃适温条件下,7~10天即可发满菌,较平菇等品种发菌时间缩短60%左右,较香菇等品种缩短90%以上,及时把握出菇时期,调整种植季节。

(3)现蕾快 30℃以上温度条件下,播种后10~12天即有菇蕾出现,种植12天后即可达到现蕾高潮。管理的重点是,及时调整温度、湿度、通风状况,调节三者之间的关系,密切观察菌丝生长分化过程,防止现蕾后生长不匀及死蕾现象发生,降低产量。

(4)生长快 适温条件下的菇蕾,2~3天即可达到七八成熟,种植13天后即进入采收高峰,要及时采摘,严防开伞老化,降低品质和商品性。

2."四高"

(1)高温特性 现有草菇菌株,如V23、V35、新科70等菌株均适应28~38℃的高温条件,并且25℃以下基本不现蕾,典型的高温菌生产性状,注意安排种植时间和保持出菇温度。

(2)高产特性 随着科学技术的不断进步,作为"南菇北移"代表品种的草菇,其纯麦草栽培的生物学效率由初期的8%左右,提高至40%左右,增产幅度较一般品种高 2~5 倍。

（3）高效特性　一是自然条件下，北方地区可在盛夏季节的 6~8 月，利用闲置蔬菜大棚进行栽培，提高了蔬菜大棚的利用率；二是一般食用菌品种的栽培生产周期为 3~5 个月，甚至更长，而草菇由于长速极快的特点，可每月投料一批，最大限度地提高了单位面积的产出效益。

（4）高收益特性　由于草菇味道鲜美，货架期短，鲜草菇供应市场有限，价格好，一般每千克售价在 10 元以上，草菇种植收益率高。

3."四低"

（1）投入成本低　现代技术栽培草菇，以玉米秸秆、玉米芯、麦秸、废棉等为主要原料，直接投入成本很低。

（2）管理成本低　常规季节草菇种植不需要投入大量设施，温度、湿度易控制，技术管理相对简单，种植周期短。

（3）单产水平低　与平菇、鸡腿菇等品种相比，草菇单产生物学效率偏低，采用最新栽培技术时，可达 40%~50%，仅有鸡腿菇、平菇的 1/3~1/2。

（4）鲜贮能力低　草菇鲜品的耐贮能力很低，从适时采收至破苞开伞仅需 24 小时，并且不耐低温贮藏，10℃ 条件下约 6 小时后，菇体即开始变软、析水，丧失商品价值。

　　草菇生产同其他菇类相比具有本身显著特点，典型的十二个特点决定草菇生产特性，要注意学习掌握其特点，以免影响自己的种植管理。

三、关于配套设施利用问题 ---------------------- ◆

草菇种植设施同其他食用菌品种相比有其独到之处,特别是加温设施、保温设施。

根据草菇种植设施可以将草菇种植简单分为室内种植和室外种植,室内种植优点:一是可以在不适宜季节通过加温进行立体多层种植,实现一年多季栽培和土地单位面积有效利用;二是可以通过改善种植方式减轻病虫害,提高种植产量和品质。缺点:设施投资较高,人工投资成本高。室外保护地栽培优点:投资小、实用性强、人工投资小、湿度好、效益突出;缺点:种植季节受限制(气温稳定达到25℃以上时才能进行种植),单位面积利用率低。

知识链接

(一)国内草菇种植常用设施

种植能手谈到的三种设施是河南省新乡地区大面积应用的草菇栽培设施,前二种设施的优点是保温性较好,可以起到提前种植、延后种植和增加种植茬数的作用,并且棚内空间面积大,使用寿命长,小型运输工具出入方便,管理人员好作业等;缺点是棚内空间利用率较低,不适合在温度较低季节进行生产。阳畦种植草菇具有投资低,场地置换容易等优点;缺点是利用时间短,种植茬数少,空间温度变化大等。适宜草菇生长发育的场地多种多样,目前国内常见的栽培草菇的设施主要有蘑菇房、泡沫板菇房、砖瓦房等多种。栽培者可根据自身经济基础、现有条件、实际生产规模等情况灵活掌握,合理选用不同性状、结构、材料的设施用于草菇生产。

图80 蘑菇房

1. 蘑菇房 一般是指用砖、水泥建造的宽9米、长20~30米、高3~4米,内部用竹竿搭建6~7层床架可以立体栽培的专用蘑菇房,见图80。菇房东西朝向,墙南北两面留长 40 厘米、宽 25 厘米通风口,上下间隔 40 厘米,左右间隔 1.5 米,床架用竹竿制作,床架宽 1.1 米,上下床架间隔 50 厘米,底层距地面 20 厘米,顶层距房顶 0.6～1 米,床架之间人行道宽 65 厘米左右,这种结构是从福建流传过来,用来栽培双孢蘑菇的,因此叫蘑菇房。广大菇农为了提高菇棚利用率,增加经济收入,在冬、春季栽培双孢蘑菇结束后,下茬双孢蘑菇种植前栽培一茬草菇,种过草菇的料还可以再用来种植双孢蘑菇。

2. 简易蘑菇房　建造原理同蘑菇房,但其建造简单,用竹竿将架搭好后,外部用塑料布保湿、草苫保温,见图 81、图 82。

图 81　简易蘑菇房　　　　　图 82　外加遮阳网的简易蘑菇房

3. 泡沫板菇房

(1)菇房搭建规格　长 5 米、宽 2.2～4.8 米(注明:一般出菇房宽度 2.2 米是指一个菇房里一个通道、两排出菇架,宽度 4 米是指一个菇房里两个通道、三排出菇架,宽度 4.8 米是指一个菇房里两个通道、四排出菇架)、高 2.3～2.8 米(注明:一般边沿高度是 2.3 米,中间最高处是 2.8 米),用直径 0.5 厘米左右的毛竹或方木(4 厘米×4 厘米或 3 厘米×5 厘米的杉木)搭建出菇架;出菇架宽 70 厘米、层与层之间距离 45 厘米,一般底层距地面 35 厘米,顶层距屋顶最高处 1 米,搭建 4 层,排与排之间距离 65 厘米。

(2)搭建方法　先平整准备搭建菇房的地方,在地面铺设地炉供加温使用,地炉铺设好后在上面铺一层 2～3 厘米厚水泥砂浆,然后按照出菇房要求开始搭建出菇架。出菇架搭好后,在床架外围及顶部覆盖 0.06 厘米厚的聚乙烯薄膜,再开始封 3～5 厘米厚的泡沫板,塑料布接口处用胶带粘好,泡沫板接口处用木板压实、钉牢,最后开设门窗。门一般按照高 1.6～1.7 米,宽 0.65 米开设;窗一般按照 0.4 米×(0.5～0.6)米开设。泡沫板菇房种植见图 83。

(3)加温炉建造　在过道离门口约 0.7 米处砌一个直径 0.3 米、深 0.5 米的地下炉灶,炉底有炉栅、进风口和出风口。进风口有管道直接连至菇房外,排风口与加温管道相连,沿过道一直伸至菇房的另一面菇墙外。管道的一半在地表下面,一半在地表上面,地炉的上面用预制水泥板盖严,地炉内

产生的热量由管道散发至菇房,产生的烟由管道排至墙外。

图83　泡沫板菇房种植

4.砖瓦房　利用或建造砖瓦房种植草菇与泡沫房相比,更具有保温性和保湿性,室内环境更加稳定,但相对建造成本要高得多,见图84。

图84　砖瓦房

建造方法　选择地势较高地方,用砖砌成长6米、宽4米、边高2.8米、顶高3.5米的起脊房架体。菇房内设2~3排出菇架,床架宽0.7~1米,层与层之间距离45厘米,底层距地面35厘米,顶层距边高0.5米,门一般按照高1.7米,宽65厘米开设,窗一般按照40厘米×(50~60)厘米开设上下两排窗。砌好房体后,在屋顶盖石棉瓦后封3厘米厚的泡沫板,再封一层薄膜,最后再搭建床架(床架的搭法可以参照泡沫房)。

5. 原有房屋改造　依据种植方式不同而不同,主要是增加通风和保温、保湿设施,具体床架搭建可以参照泡沫房的床架进行搭建,保温、保湿主要是在房内加一层塑料布,具体改造还要根据种植季节、种植茬次进行,做到能节省的绝不浪费、不能节省的必须投资,总之,房屋改造应以实用为目的。

草菇种植设施形式较多,各地有各地的特点、各户有各户的方法,不管使用哪种设施,一定要结合当地气候,不可贪图形式,目的是创造草菇生长最适合条件,因此关键的问题是实用、高效。

(二) 场地消毒

首先是栽培前要认真打扫卫生,打开门窗,通风换气 2 天以上,然后用紫外线照射或化学消毒剂进行熏蒸或喷洒消毒。对种植过草菇或其他食用菌的菇房更应加强消毒,并喷洒低毒杀虫剂进行防虫处理。

1. 紫外线照射　紫外线按照波长分为长波紫外线和短波紫外线。在灭菌上,主要是采用短波紫外线光进行灭菌,按照每 10～30 米^2 面积安装一支 30 瓦的紫外线灯管,照射 30 分即可以达到灭菌效果。需要注意的是:一是培养室在使用前必须打扫干净,不得有灰尘;二是紫外线灯管要保持干净,对灭过菌的房间要保持黑暗;三是紫外线对固体穿透力差,凡是光线不能照到的地方,不能起到灭菌效果;四是一般紫外线灯管的工作温度是25～40℃,环境温度偏低时紫外线杀菌效果较差。

2. 化学药剂喷洒　化学消毒剂是一种简单、实用、效果稳定的杀菌剂,通常使用的消毒剂主要有食用菌专用场地消毒剂和二氧化氯消毒剂等,按照 300～500 倍的比例稀释配制,进行喷洒消毒。喷洒时一定要喷洒均匀,并且喷洒消毒剂后,场地要密闭 24 小时增强消毒效果。

3. 利用化学药物熏蒸消毒　使用食用菌专用熏蒸剂(如:一熏净、必洁仕等)或高锰酸钾等熏蒸剂,按照比例、密闭熏蒸。

4. 喷洒杀虫剂　使用敌百虫或菊酯杀虫剂,按照1:(800～1 000)比例稀释配制,进行喷洒防虫、杀虫处理。

诚告家行

一是紫外线灯寿命一般是 2 000 小时,超过后灭菌效果降低,必须更换;二是不能单独采用紫外线灯杀菌,要结合化学杀菌剂进行,并在地面、床面撒一层薄薄的石灰粉;三是杀虫剂要选择低毒、低残留农药。

111

下篇 专家点评

草菇 种植能手谈经

四、关于栽培季节确定的问题

　　不同的地域，不同的季节，环境条件千差万别，草菇作为一个有生命的物体，对环境条件有着特殊的要求，选择环境条件适宜其生产发育的季节进行生产，是获得生产利润最大化的前提。

草菇栽培模式很多,但每个栽培模式都是在特定条件、特定区域内形成的,不会搬到哪一个地区都适用,一定要先试用后再大面积推广应用。不结合当地实际,盲目照搬外地模式进行应用,有可能会给生产带来不必要的损失。

自然状态下,草菇生长在高温、高湿的季节,属于高温结实性品种。在自然环境条件下,一般当自然气温稳定在 25～30℃,白天和晚上温差变化不大,空气相对湿度在 70% 以上时草菇即开始生长。

我国从南到北,幅员广阔,分属不同气候带,全国各地气温同一季节温度相差较大,难以统一栽培时间,各地可根据当地的气候条件,确定具体的栽培时间。一般南方各省(区),如海南、广东可在 4～10 月,连续栽培 4～5 次;福建、江西、广西等地在 4～9 月,连续栽培 3～4 次;黄河以北地区可以在 6～8 月栽培,可连续栽培 2～3 次。当然每个省、自治区的不同地区,因气候的不同,温度也不尽相同,具体栽培时间还要结合当地实际温度情况而定。如果采用设施栽培,草菇可以进行周年生产。根据笔者的种植经验,选择合适的栽培时间,不仅可以提高种植效率、提高种植成功率,还可以稳定提高产量,增加种植效益。

知识链接

(一)根据品种特性

每个品种都有各自的特性、特点,不同的场地、不同的设施需要不同的品种,特别是室外栽培草菇,大部分是按照季节进行种植,为了提高大棚利用率和增加种植茬次,有时需要进行提前种植或者延后种植,在选择品种时必须考虑品种的耐低温性和抗逆性。只有当品种具备耐低温性和抗逆性时,才能防止种植季节出现低温情形时出现大面积死菇、减产现象;在南方或室内种植时,一般品种受季节影响不大,但选用品种时也要进行试验,了解品种特性,不可盲目引种进行大规模种植。

(二)根据产品用途

产品用途决定产品销路、产品经济效益和产品种植季节,不同季节有不同的草菇产品,不同的草菇产品有不同的销路,不同的销路需要不同的品种,因此要注意根据草菇产品不同的用途选择在不同的季节进行栽培。

(三)根据生产条件

生产条件决定草菇种植的季节,生产季节决定生产种植的成败,生产条件不具备、生产设施达不到生产季节要求,注定生产种植难以成功。不同地区、不同纬度,相同的季节气候差异很大,同样的的生产条件、生产设施不一定有同样的收获;生产条件、生产设施是为了给草菇种植提供适宜的生长条件,只有生产条件适宜,才能获得草菇种植的高产、优质、高效。有的种植户只是想当然进行简单的生搬硬套,在相同的季节参照其他地区的生产设施进行草菇种植,不考虑当地生产季节对种植的影响,盲目种植导致种植失败。因此,按照生产条件选择生产季节进行草菇栽培是非常重要的。

诚告家行

我国地域广阔,从南到北气候差异很大,昼夜温差也大不相同,考虑草菇种植的高温性,不可盲目照搬进行草菇种植,一定要结合当地气候特点,选择合适的设施、合适的品种,并根据草菇对环境条件的要求,在合适的季节进行种植。

五、关于优良品种的选择利用和差异问题 ....

根据品种类型和它们之间的差异,采取针对性的生产管理措施,避害趋利,科学利用,是获得优质、高产、高效的先决条件。

由于近年来食用菌产业的发展迅猛,食用菌菌种的管理跟不上食用菌产业的快速发展,食用菌菌种的管理长期处于不完全规范状态,以至于目前生产中不但使用的草菇菌株较多,而且菌株同株异名和异株同名现象较为普遍,所以不同的地区种植草菇选用草菇种株时:一是要到正规、有菌种生产资质的菌种生产单位引种,以防菌种特性与品种说明不符,质量得不到保证;二是要对引进来的菌株先进行适应性(或品种比较)试验,确定品种是否适应当地气候、生产模式、生产原料和生产技术,经过验证后才能进行大面积种植;三是不要单品种大面积、规模种植,防止气候变化、环境因素及其他人为因素对草菇品种抗逆性的影响,减小种植风险。

知识链接

(一)草菇品种的类型

草菇品种(包括亚种)有 100 多种,目前人工栽培的草菇品种主要有黑色草菇、白色草菇和银丝草菇三个品系。黑色草菇品系和白色草菇品系又称黑菇品系和白菇品系。

1.黑菇品系　黑菇品系草菇子实体包皮为鼠灰色或灰褐色,菌盖为灰色或灰白色,呈卵圆形,基部较小,不易开伞,子实体多单生,容易采摘,货架期较长,对温差变化特别敏感,抗逆性较差,生产中常用的草菇品种如V23、V5 等均属于黑菇品系。

2.白菇品系　白菇品系草菇子实体包皮为白色或灰白色(由于菇体生长期受生长环境影响,菇体颜色会有一定差异,因此菇体颜色不能作为区别不同品种的主要因素),菌盖为白色,蛋形期为圆锥形,基部较大,包皮薄,易开伞,子实体多丛生,出菇快,产量高,不容易采摘,抗逆性较强,该品系草菇的最大特征就是保存特性较好,可以长途运输,如 V844、屏优 1 号等。

3.银丝草菇品系　银丝草菇品系菌盖白色或淡黄色,有丝状绒毛,菌蕾白色,结实,不易开伞,生于腐木上,也能在棉子壳培养料上生长,能在较低温度下形成原基,在 20℃左右的气温下生长。

草菇类型不多,种植哪种类型一定结合当地市场销售情况而定。

下篇 专家点评

(二)优良品种的利用问题

1.草菇的品种　品种是草菇生产的重要生产资料,选用品质优良的品种是保证草菇生产获取高产、优质、高效的基础。优良的品种具有种性好、纯度高等特征。种性好是指品种本身具有理想的遗传性状,并对环境适应性强、高产稳产,对大多数病虫害具有较高的抵抗力;纯度高是指菌种生产过程中严格按照技术操作规程要求进行,防止其他有害微生物(包括各种害虫、病原菌)的侵染,保证不隐藏任何有害微生物。如果没有优良的品种,再好的栽培技术也不可能获得理想的成功率、较高的产量和稳定的经济效益;反之,如果有优质、高产的品种,加上科学的生产管理,则可以达到事半功倍的效果,投入同样的人力、物力、财力便可达到更大的收益。所以,种菇必须先选种,选种必须选优良种。

2.草菇品种选择原则

(1)根据品种特性选择　品种是食用菌种植的基础,品种本身性能的优劣对整个生长过程影响很大,每个品种都有自己的特点,各个品种对温度要求以及抗病性、抗杂性都不尽相同。要种好草菇,就必须了解品种特性,根据品种特性选择自己需要的品种,不要盲目引种种植。

(2)根据生产目的选择　由于草菇具有鲜藏能力低的特性,许多规模种植者种植草菇不是以鲜销为种植目的,而是加工后进行销售,因此在选择栽培品种时,一定要按照生产目的选择品种,让种植品种更适合干制、腌渍、加工罐头以及休闲食品等加工要求。

(3)根据生产条件选择　不同的种植群体,具有不同的生产条件,条件不一样,种植时间、种植季节也不一样,有的一季只种一茬、有的一季种植多茬,草菇品种本身有耐低温品种也有耐高温品种、有喜光性品种也有弱光性品种、有抗逆性好的品种也有抗逆性差的品种,总之,各个品种间都有不同的差异,根据种植生产条件、种植周期选择不同的品种,更有利于获得高产,更有利于一季多茬种植,提高种植效率。

(4)根据生产区域选择　不同的生产区域有不同的消费者,不同的消费者有不同的消费习惯,草菇品种本身有白色品种、黑色品种和银丝草菇品种,以及有大粒型、小粒型品种之分,另外不同品种的品质也不完全相同,种植草菇时应结合当地消费习惯、消费层次选择草菇品种,以满足不同的消费者,做到适销对路,以获得更高的经济效益。

(5)选择草菇菌株的五字诀　①"纯"是指菌种纯度高,无杂菌污染,无抑制线,无"退菌""断菌"等现象。②"正"是指菌丝无异常,具有亲本特征,如菌丝透明、有光泽、生长整齐、连接成块,具有弹性等。③"壮"是指菌丝粗壮、生长势旺盛、分枝多而密,在培养基上萌发、定植、蔓延速度快。④"润"是指菌种基质湿润,与瓶壁紧贴,瓶颈略有水珠,无干缩、松散现象。⑤"香"是指具有该品种特有的香味,无霉变、腥臭、酸败气味。

草菇不同的品种,其适应性、商品性具有较大差别,生产者应根据生产需要和气候特点选择适宜的品种种植。

(三)草菇种植新品种简介

草菇菌株按个体大小分大、中、小三个类型,单个重 20 克以下属小型,20~30 克属中型,30 克以上为大型。色泽有鼠灰、淡灰、灰白等,因菌株而不同。采用哪个类型菌株视栽培季节和用途而定,干制用的适宜选用大中型,鲜食和罐藏用的适宜采用中小型。目前全国各地自然季节和保护地栽培的草菇品种名称很多,但大部分还是属于黑色品系和白色品系两大类,黑色品系由于保存过程中极易变色,不适合远程运输。白色品系是从国外引进的草菇品系,由于该品系的草菇保存特性较好,可耐长途运输,较适合外销,在香港市场销售的草菇品种基本均属于白色品系,并且市场需求量逐年增加。现就目前国内草菇生产区常用的部分品种做一简要介绍:

1.黑色草菇品系

(1)V23　由广东省微生物研究所选育,该品种子实体较大,属大型种,鼠灰色,包被厚而韧,不易开伞,圆菇率高(未开伞的菇蕾),最适合烤制干菇,也适合制罐头和鲜食。一般播种后 6~11 天出菇,产量较高,但抗逆性较差。对高、低温和恶劣天气反应敏感,生长期间如果管理不当,容易造成早期菇蕾枯萎死亡。现在各地所用品种,多数为它的复壮种。

(2)V37　该品种个体中等,属中型种。包被较厚、不易开伞,浅灰色,抗逆性较强,产量较高,一般播种后 5~10 天出菇,子实体发育需 6~7 天,适于加工罐头,烤制干菇和鲜食。但味淡,圆菇率也不如 V23,仅为 80%左右。同时,菌种较易退化,不宜长期保存,使用时要注意复壮。

(3)V20　该品种个体较小,属小型种。包被薄,易开伞,鼠灰色,抗逆性强,产量高。对不良的外界环境抵抗力较强,较耐寒,菌肉比大、菇质幼嫩、美味可口,适于鲜食。缺点是个体小,不适宜制干菇,圆菇率也低,为 60%左右。一般播种后 4~9 天出菇,子实体发育需 5~6 天,适合稻草、棉子壳等原料栽培。

(4)V35　子实体个体中等偏大,颜色灰白,肉质细嫩,香味较浓,口味鲜美,产量较高,生物学效率在 35%以上。包被厚,开伞稍慢,商品性好。菌丝外观浅白色,粗壮,透明。但其对温度敏感,当气温稳定在 25℃以上时,才能正常发育并形成子实体,属高温型品种。我国北方地区栽培适期以 6 月中旬到 8 月上旬为宜。

(5)V733　子实体大小中等,属中型种。菇蕾灰色或浅灰黑色,卵圆形,单生或丛生,不易开伞。菌丝体生长温度为 20~40℃,最适温度为 30~35℃;子实体发生温度为 22~35℃,最适温度为 25~35℃,较耐低温。最适 pH7~9。高产、优质,抗逆性强。

(6)GV34　该品种属低温中型种。子实体灰黑色,椭圆形,包被厚薄适中,不易开伞,商品性状好,脱皮菇成品率在 60%以上。产量较高,抗逆性强,对温度适应范围广,能耐气温骤降和昼夜温差较大的气候环境,适于北方初夏和早秋季节栽培。菌丝体能在 24~32℃下良好生长,子实体可以在 23~25℃下正常出菇。

2.白色草菇品系

(1)V844　该品种属中温中型种。菌丝体生长温度为 26~38℃,最适温度为 33~34℃;子实体发生温度为 24~30℃,最适温度为 26~27℃。抗低温性能强,菇形圆整、均匀,适合市场鲜销。但抗高温性能弱,较易开伞。

(2)屏优 1 号　该品种子实体较大,属大型种,子实体灰白色,多群生,菌丝体生长温度 25~45℃,最适温度为 30~35℃,子实体 25~35℃均可生长,最适温度 28~30℃,不宜开伞,产量高,抗逆性强,适合鲜销、干制和制罐,最适合稻草栽培。

3)VP53　该品种子实体较大,白色至浅灰色,单生或丛生,菌丝体生长温度在 20~40℃,最适温度为 35℃左右,出菇温度在 20~35℃,最适温度为 25~30℃,耐低温能力强,不易开伞,产量高,菇质优等特点。

4)粤 V1　该品种属中型种,菌丝生长最适温度为 35℃左右,子实体分化发育最适温度为 28~33℃,子实体灰白色,通气良好时顶部灰黑色,基部白色,通风不良、光线不足时菇体白色。菇体呈圆锥形,基部大,顶部尖。抗逆性强,产量高,但易开伞,子实体在二氧化碳浓度高时易畸形,适合废棉渣、中药渣、稻草等多种原料种植。

3.当前生产中应用的两个新品种

(1)V97　深褐色至灰褐色,中大朵,长卵形,包皮厚,不易开伞,产量较高,抗杂菌强。

(2)V901　鼠灰色,个体大,最适合稻草栽培。

忠告大家

不管哪个品种,最好是先试种。不是选择最好的,而是选择最适合生产需要的。

(四)草菇优良品种的选育

草菇菌种分母种、原种、栽培种三级,因此又称一级种、二级种、三级种。前面种植能手已对菌种的制作方法作了系统的介绍,但是由于菌种的制作需要一定的专业技术水平和相应的配套设施,因母种、原种的用量较少,如自制,其制作、培养等费用相加还不如购买的划算。而且母种、原种的制作要求很严格,一旦出现问题就会造成严重的经济损失。种植户最好到可信的专业制种单位购买。

草菇种植能手谈经

专家点评

六、关于菌种检测与保藏技术应用问题 ╌╌╌╌╌╌◆

本节主要介绍菌种质量的检验方法和菌种的保藏技术,如何检验菌种的种性、活性,如何保藏菌种、保持菌种种性至关重要。

草菇菌种检测与保藏是草菇栽培生产中的一个重要生产环节,菌种质量直接关系草菇栽培的成败,严把菌种质量关,是保证草菇种植成功和高产、优质的基础。首先,菌种制作是草菇栽培取得优质、高产的先决条件,菌种质量的优劣,不仅直接关系到菌种生产者的经济效益的高低和社会信誉的好坏,而且直接影响到草菇生产者的经济效益。因此,菌种生产者应在选用优良品种的基础上,采用正确的制种方法,制作出纯度高,性能优良的菌种;其次,菌种保藏更是关系重大,菌种保藏的目的是为了保持原菌种的优良性状,通过保藏保存种质资源,为下一季生产、试验研究、新品种选育提供种源;同时,广大生产种植户也应该能够对菌种质量的好坏进行鉴别,能真正做到使用优良菌种生产草菇,取得草菇生产的高产、稳产、优质。

知识链接

(一)菌种质量检验方法

1.菌种种性　主要是指该菌株对种植原料、温度、湿度、酸碱度、空气、光线等环境的要求及其出菇性状(包括:抗逆性、丰产性、稳产性、出菇形状、出菇快慢、转茬周期、商品性状及生物习性等)。种性鉴定需做栽培出菇鉴定,观察接种后培养料温度、菌丝生长和出菇情况,记录现蕾情况、现蕾到子实体采收生长情况、子实体商品性状、第一茬菇采收时间和生物学转化率、第一茬和第二茬间隔时间等相关数据。

2.菌种活力　主要是指菌种接到培养基上,菌丝的萌发速度、生长速度和分解、吃料速度。

(1)外观观察　菌丝体从接种块萌发,逐渐向培养基扩展,直至长满整个瓶(袋);菌丝生长健壮、均匀,菌丝体颜色正常、有光感,打开瓶(袋)口可以闻到菌丝体有草菇特有香味。如果菌丝白色,透明,厚垣孢子没有或很少,说明这是幼龄菌种。一般需继续培养1周时间,待菌丝经过后熟,达到种植适龄后方可使用。如果菌丝转黄白色至透明,厚垣孢子较多,说明菌种为中龄菌种,也就是种植的适龄菌种,此时的菌种应抓紧使用。如果菌丝逐渐稀少,但有大量厚垣孢子充满培养料中,或菌丝黄白色,浓密如菌被,而上面的菌丝已开始萎缩,说明菌种已变为老龄菌种,活力较差,此时的菌种一般不能接种栽培。

(2)活力鉴定　将菌种接在适宜的培养基上,能快速萌发新菌丝、定植和蔓延生长,成活率高的即为优质菌种;反之则为质差菌种。

3.菌种纯度　是指菌种纯净度。高纯度菌种是指菌种不得含有或混有杂菌(主要指细菌、真菌等)和害虫(主要指螨类等)等其他生物体。

(1)外观观察　观察菌丝体生长是否均匀、颜色是否正常、有无光泽、有无杂菌污染,瓶塞是否干爽、是否有异物。

纯度高的菌种菌丝体生长均匀,菌丝体颜色正常,有光泽,没有任何杂菌感染,瓶塞干爽,没有任何异物。若菌种上部的菌丝体特别旺盛,呈棉絮状,颜色不正常,则可能是鬼伞或根霉等其他杂菌感染;若菌种其他部位有黄、绿、红等斑点,则可能是曲霉、青霉等杂菌感染;如果菌种块已萌发,但伸展不开,且有异味,挑开培养料,里面有黏胶状感觉,一般此类菌种多为细菌感染。对于以上异常菌种,一般应将培养的菌种袋及时移出培养室,而不能再作为菌种使用。

(2)杂菌检验　用 PDA 培养基进行培养试验,在 32℃温度条件下,培养 24 小时,检验有无杂菌生长。

4.评价菌种质量的指标

(1)出菇快慢　培养基接种草菇菌种后,菌丝生长力强、菌丝生长健壮、出菇快而多、成菇率高、总产量高、培养基干物质转化食用菌产品率高的即为优质菌种,反之为劣质菌种。

(2)菇峰间隔　主要是指两茬菇出菇最高峰之间的间隔时间,一般出菇茬数多,菇峰间隔时间短,优质菇多的菌种即为优质菌种;反之,出菇茬数少、菇峰期长、出菇不集中的即为劣质菌种。

(3)经济指标　主要指出菇子实体产品(比如子实体大小、颜色、形状、品质等)上市后是否符合市场需求,能否卖出较高价格,取得较高经济效益。

5.劣质原种、栽培种表现　主要有五点:一是菌丝衰弱、稀少,生长无力;二是菌丝不向下长,拔出棉塞有腥臭味或氨味;三是菌种棉塞杂菌污染,菌种瓶(袋)内有菇蚊、菇蝇和螨类等害虫;四是菌种瓶(袋)内菌丝萎缩,并出现水渍;五是菌丝生长不均匀,有色斑。需要强调的是:劣质原种、栽培种绝对不能用于再生产,应及时处理,避免直接或间接影响菌种生产。

忠告家行

菌种质量关系重大,学会挑选、鉴别菌种的优劣有利于草菇种植,按照种性、活力和纯度三要素进行选择,一定能寻得、购得高产、优质菌种。

草菇 种植能手谈经

124

(二)菌种的保藏

菌种的保藏主要是依据草菇菌株的生物学特性、生理生化特性和遗传性能,人为创造环境,降低菌种代谢活力使之处于休眠状态,减缓菌种衰老速度,保持菌种原有优良性状,达到优良菌种稳定保存的目的;同时,在需要恢复、使用菌种时,保藏菌种在适宜条件下菌丝能迅速恢复生长。保藏条件好、保藏方法得当的菌种能快速恢复活力,但保藏条件差、保藏方法不得当的菌种活力难以保障。草菇作为比较容易退化的菌种,经过低温保存的菌种最好进行一次栽培出菇试验,验证保藏菌种的种性、纯度等性状,并通过出菇试验选择种菇,进行菌种的组织分离恢复、复壮菌种的种性,保证菌种的种性、活性、纯度得以延续,为草菇进一步大面积高产栽培奠定基础。

1.试管斜面常温保藏法　是一种最简单、最常用的草菇菌种保藏保存方法。通常是选择菌丝生长健壮的草菇试管,用牛皮纸将试管口包扎好后,放在15℃温度条件下进行保藏;严防保藏温度低于8℃,主要是因为草菇菌种在8℃以下保藏几周便失去活力。保藏时需要注意以下两个问题:

(1)用牛皮纸包裹试管　尽量选用厚一点的牛皮纸,并包扎严实。厚牛皮纸一方面可以减少试管内培养基水分过快、过分挥发;另一方面可以防止试管棉塞吸潮,防止杂菌侵入试管。

(2)用脱脂棉或硅胶塞作试管塞　可以减少或避免杂菌从试管口侵入。需要注意的是,用脱脂棉塞试管时,一定要将试管口塞紧;用硅胶塞时,一定要选用和试管型号匹配的硅胶塞;严禁用普通棉花作试管塞,因为在保存环境湿度偏大时,极易引起棉塞感染杂菌,导致保藏菌种报废。

2.液状石蜡保藏法　又叫油浸保存法,是一种广泛应用的微生物菌种保藏法,其操作技术相对简单、成本低、保藏时间长,一般保藏草菇菌种时间达一年以上,并且菌种生物学特性也保存较好,基本能达到原有水平,但这种保藏法操作起来比较麻烦。

1)保藏方法　液状石蜡又叫矿物质油，是一种导泻剂，可以到医药商店购买。将买来高纯度、不含水分的液状石蜡分装三角瓶或其他玻璃容器中，塞好棉塞包上纱布放入高压锅中进行高压灭菌，在0.15兆帕压力下灭菌60分，趁热移入40℃培养箱中，让液状石蜡中的水分挥发干净(标准：液状石蜡完全透明)；在无菌条件下将液状石蜡灌入准备保藏的试管菌种中，液状石蜡液面要高出试管内培养基1厘米，试管口注意用石蜡封口或换用橡胶棉塞，防止液体挥发，在常温下进行保藏。

2)注意事项　一检查液状石蜡液面，并及时补充液状石蜡，不得让试管培养基露出液面；二将灌好液状石蜡的试管母种用牛皮纸包扎好，直立存放，不得倾斜；三存放在干燥、通风环境中；四经过保藏的菌种选用时，要经过2次转管后再投入生产使用(注意：有条件的最好进行出菇试验)。

3.稻草斜面接种培养保藏法　培养基配方：稻草粉95%、石膏2%、麸皮或米糠3%，用石灰调节pH为8~9，含水量55%~60%。将配好的培养基装入直径25毫米、长250毫米的试管中，装料量为试管长度的2/3，用棉塞封口。灭菌后，接上草菇菌种，33℃下培养，待菌丝长满时，用橡胶塞代替棉塞封口，置于15~20℃下保藏，每隔3~6个月转管1次。

具体用哪种菌种保藏方法，关键是结合自身条件和自身用途，选择短时间存放或者长时间存放，也可以采用两种方法互补进行保藏(比如：试管种挑选后，用石蜡封口做好试管种培养基保湿工作，可以延长试管种保藏时间，减少转管次数)，但不管是采用哪种方法，关键是控制好保藏温度。

七、关于栽培原料的选择与利用问题 · · · · · · · · · · · ◆

草菇种植原料来源较广,原则上是就地取材、降低成本、提高效益;不同材料的处理及使用方法也不同,要区别对待。

不同的种植区域种植不同的农作物,不同农作物产生不同的作物下脚料。种植草菇可以根据所在区域盛产的作物下脚料选择不同的培养料,但选择培养料也要遵循四个原则:一是培养料来源广、使用成本低;二是种植产量高;三是生产出的草菇品质优;四是兼顾原料成本、种植产量、市场价格,也就是说在原料不充足地区栽培草菇,只要市场价格好,应以高产原料作主要种植原料。

一般情况下,应按照就地取材原则选择种植原料,即:玉米主产区应以玉米秸秆、玉米芯为主要种植原料,既解决玉米秸秆无法有效应用,秸秆焚烧污染空气问题,又可以获得可观的经济效益;水稻主产区应以稻草、稻壳为主要原料,稻草、稻壳作培养料不仅成本低,而且产量稳,技术也最成熟,易掌握,成功率高;棉花主产区应以棉子壳及其副产品作主要原料,虽然棉子壳及其副产品成本略高,但种植单位面积产量高,草菇品质好,种植效益也相当突出。有必要指出的是,在沿海城市以及经济发达城市或经济特区,用工、占地等各方面成本均比较高,并受多种条件限制,应该以棉子壳、废棉、玉米穗芯等高产原料作主要种植原料,提高单位面积产量,获得更高的生产效益。

知识链接

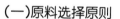

(一)原料选择原则

原料是草菇种植的第一基础物质,关系种植成败和种植效益,选择种植原料一定要遵循以下四个原则:

1.营养丰富　种植原料营养丰富是草菇种植高产的基础,营养丰富的种植原料不需要添加辅助原料,只需用石灰调制酸碱度即可,比如废棉渣、棉子壳等;但对于营养相对差的原料,需要加入辅料,调整培养料营养,比如稻草、麦秸等原料。

2. 持水性好　草菇的生物学特性要求菌丝生长期培养料含水量达65%,子实体生长期要求空气相对湿度90%,这些都说明水分是草菇种植过程中的重要成分和基础物质。原料持水性关系到草菇的菌丝生长和子实体生长,特别是持水性好的原料在子实体生长期非常关键,可以保证子实体生长养分的输送,是保证幼菇分化、正常生长、不萎缩、增产的基础。

3.疏松透气　也是选择原料的一个重要环节,疏松透气的原料有利于草菇菌丝的快速生长,容易培养健壮菌丝,为高产打下基础。但种植原料也不宜过于疏松透气,原料过分的疏松透气,其保水性必定相对较差,对后期子实体生长必定带来影响。因此,在选择、配制种植原料时,要注意培养料的保水性,更要注意培养料的疏松透气性。

4.干燥洁净　在选择种植原料时,应该选择干燥洁净的原料,严禁选择经过雨淋、发酵和有霉变、虫卵的原料作栽培原料。干燥洁净的原料首先是含杂菌少,种植成功率高;其次是干燥洁净的原料含杂质少,培养料透气性好容易培养健壮菌丝体,为种植高产奠定基础;三是干燥洁净的原料不容易滋生害虫和虫卵,避免后期虫害发生影响种植管理和产品品质。

(二)主要原辅材料的类型及特点

1.主料

(1)废棉渣　又叫废棉、破子棉、落地棉、地脚棉等,来源于棉纺厂、轧花厂、纺织厂、弹花厂地下脚料,含有破子的棉子壳、棉子仁以及棉秆屑等原料,是目前最理想的草菇种植原料,见图85。废棉渣作为企业生产下脚料,来源比较广,产品比较杂,没有质量等级标准,购买时价格也相差较大,购买者应根据自己种植季节和经验进行购买。一般情况下,质量好、纤维多、短绒多的废棉渣持水性好、发热均匀;质量差、杂质多的废棉渣发热量大。

图85　废棉渣

在使用废棉渣时,尽量在低温季节使用质量差、杂质多的废棉渣,在气温比较高时使用质量好、纤维多、短绒多的废棉渣,也可以根据自己的经验按照比例进行配比使用。

(2)棉子壳　是棉子榨油后的一种农副产品下脚料,也是目前适合多种食用菌种植的主要原料,它不仅营养丰富,而且质量稳定、原料透气性好、持水力适中,是一难得的、优质的食用菌种植原料。据测试分析,棉子壳含固有水分10%左右, 多缩戊糖22%~25%,粗纤维68.6%, 木质素29%~32%,粗蛋白质6.85%,粗脂肪3.1%,粗灰分2.46%,磷0.13%,碳66%,氮2.03%。这些物质都是草菇生长发育所需的良好营养源。

1)选购棉子壳应注意的问题　壳上绒不宜过长或过多,壳上也不可无绒,要求有一定数量的短绒,手握稍有刺感,手感柔软;并且棉子壳外观应色泽灰白或雪白,而不是褐色。特别需要注意的是:棉子壳内不能含有超量的棉子仁。

2)棉子壳的适栽设施　棉子壳适合室外保护地畦栽,不太适合室内床架栽培。主要原因是:棉子壳保温、保水性相对较差,栽培后期产热量不足,在气温较低时容易引起减产。生产栽培时要选用无霉变、无结块、未经雨淋的新鲜棉子壳作为原料,使用前最好在阳光下暴晒 1~2 天。

3)科学管理　以棉子壳或废棉为培养料栽培草菇,其营养物质丰富,采完第一茬菇后,进行科学的管理,可以连续采收两茬。第一茬菇采收后及时清除料面上的残菇和菌皮,喷洒营养水和调酸碱度后,覆上塑料薄膜让菌丝恢复营养生长,控制温度 32~34℃,经 3~5 天第二茬菇便可以形成,二茬菇采收后用同上法管理,5 天后第三茬菇形成,能使棉子壳的利用周期达 1 个月左右,每 100 千克培养料收鲜菇 35~40 千克。

(3)稻草　稻草是栽培草菇最早使用的原料,是我国农业生产中最主要的农作物秸秆之一,来源极为广泛,见图 86。据测试分析,稻草固有含水量为 13.4%,有机物总含量为 74.2%,粗灰分 12.4%。有机物中含粗蛋白质 1.8%,粗脂肪 1.5%,可溶性碳水化合物 42.9%,粗纤维 28%。粗灰分中含有多种金属和非金属元素。稻草的含碳量为 45.59%,含氮量为 0.63%,碳氮比为 72.3:1,稻草的物质构成,基本能够满足草菇生长发育的需求。

1)选用稻草需要注意的问题　稻草分早季稻草、中季稻草、晚季稻草,早季稻草秸秆柔软,发酵后极易腐熟,所以栽培料透气性差,一般较少采用,食用菌生产上用得最多的为中、晚季稻草。稻草由于柔软、较短,相对于麦秆、玉米秸省工,所以在食用菌生产上用得也更多些。

图 86　稻草

2)使用稻草需要主要的问题 在生产中,利用稻草种植草菇,只要再添加必需的营养物质,培养料合理处理后(稻草质地坚硬,含大量的蜡质,在使用前一般应暴晒 1~2 天,还需在使用前用 2%的石灰水浸泡处理,并建堆发酵),是可以取得草菇种植高产的。

(4)麦秸 是传统的草菇种植优质原料。据分析,麦秸含固有水分为13.14%,粗蛋白质 2.7%,粗脂肪 1.1%,粗纤维 37%,可溶性碳水化合物35.9%,粗灰分 9.8%。由于其营养较差、产量较低,曾一度受废棉渣、棉子壳营养相对丰富、产量高等因素的影响用量巨减,但近年来由于废棉渣、棉子壳价格上涨过快,价格较高,在小麦产区,利用麦秸种植草菇用量也有所回升。

1)选用麦秸秆需要注意的问题 麦秆的种类很多,从发酵效果看,大麦秆最好,裸麦秆次之,再次是小麦秆。麦秆应在收割后立即暴晒,干燥贮存,不能受日晒雨淋,否则会产生厌氧发酵,发热霉变;并且麦秸茎秆较硬,蜡质层厚,吸水差,腐熟速度慢,可采用碾压、石灰水浸泡等措施进行处理。

2)使用麦秸秆需要注意的问题 由于麦秸原料的物理性状较差、持水性较差、营养不丰富,生物学转化率一直超不过 20%,要想获得高产,有必要在配制培养料时增加营养,或者和废棉渣、棉子壳按比例配合使用,增加种植产量,提高种植效益。

(5)玉米芯、玉米秸秆 玉米收获后,先将玉米芯、玉米秸秆晒干储存,待第二年夏季使用。玉米芯、玉米秆作为一种新型培养料目前正被用来种植各种食用菌,特别是玉米芯原料用途越来越广,玉米芯之所以被广泛推广,主要是来源广、价格低,储存方便、运输方便,营养丰富全面,颗粒性好、透气性好,持水、保水性好。

1)使用玉米芯、玉米秸秆需要注意的问题 玉米芯或玉米秸秆由于含氮量较低,在草菇生产配制培养料时,应添加适当含氮量较高的麸皮、米糠、玉米粉等物质。

2)具体使用方法 栽培前玉米芯用粉碎机粉碎至花生豆或黄豆大小颗粒,玉米秸秆用铡草机压扁切段,也可用拖拉机先碾压,再用铡草机将碾过的玉米秸铡成 3~5 厘米长的段, 然后将玉米芯或玉米秸秆放入 3%的石灰水中浸泡 3~5 小时,捞出沥去多余的水分,使玉米芯或玉米秸秆含水量达到 65%~70%后,建成宽 2 米,高 1.5~1.8 米,长度不限的梯形堆。建堆后,在料堆上每隔 0.5 米用木棍打孔到底,上面覆盖塑料薄膜,当发酵料堆温达60℃时每天翻堆 1 次,以免形成厌氧发酵,约 3 天后料即发酵好。发酵好的玉米秆由白色或浅黄色变成咖啡色,料松软有弹性,伴有香味即可铺料播种(玉米芯发酵时间根据情况可以达到 5~6 天)。玉米芯发酵及玉米秸秆发酵见图 87、图 88。

图 87 玉米芯发酵

图 88 玉米秸秆发酵

（6）食用菌下脚料 随着食用菌产业的快速发展,种植食用菌后下脚料越来越多,特别是工厂化生产杏鲍菇、金针菇等的废菌包中还含有非常丰富的养分,是种植草菇的一种非常好的原料,其次是种植鸡腿菇后的废菌料也是种植草菇的一种较为理想的原料,利用食用菌种植后的下脚料种植草菇,见图 89。

图 89 种植鸡腿菇废料

（7）中药渣 是指中药厂提炼中药有效成分后的下脚料,目前是广东省第三大种植原料。同稻草、麦秸等原料相比更为好用,一般情况下,中药渣经高温处理后,不用再进行杀菌、杀虫和调水处理,只需加入石灰调制酸碱度即可。

（8）其他原料

1）剑麻渣 是一种比较好的草菇种植原料,它是剑麻加工厂的一种下脚料,种植效果要比稻草、麦秸原料要好。

2）甘蔗渣 是一种种植原料,但同其他原料相比种植效果不是很理想,种植方法如下:

以浸制好的甘蔗渣为主原料铺在培养架上,甘蔗渣培养料铺厚 15~18

厘米,床架上层的料可铺薄些,往下各层顺序略厚些,使各层料温均匀,有利于菌丝生长。培养料经整平和稍加压实后,关闭门窗,通入蒸汽进行二次发酵,使料温达到65℃,维持4~6小时,然后自然降温。降到45℃左右时打开门窗,待料温降至36℃左右时播种。

2.辅料　辅料指石灰、麦麸、玉米粉、黄豆粉、饼肥、牲畜粪便和各类化学辅料,辅料可以根据生产者自身条件加入,一般情况下按照麦麸5%~10%、玉米粉5%~8%、黄豆粉3%~5%、饼肥2%~3%、牲畜粪便5%~10%比例添加。这些物质在拌入培养料前要进行处理,尤其是牲畜粪便要进行堆制发酵;豆饼、花生饼在使用前要进行粉碎,矿物质元素应先溶于水后再掺入料中。下面对草菇生产中使用的各种添加辅料的特点做以介绍:

(1)石灰　生产中常用的石灰有生石灰和熟石灰之分,生石灰呈白色块状,遇水则化合生成氢氧化钙,并产生大量的热,具有杀菌作用。熟石灰又名消石灰,主要成分为氢氧化钙,一般呈白色粉末状,具有强碱性,吸湿性强,能够吸收空气中的二氧化碳变为碳酸钙。氢氧化钙的水溶液俗称石灰水,具有一定的杀菌作用,通常在生产中常使用生石灰,在使用时加水使其变为熟石灰。草菇生产中石灰是非常重要的物质,它的主要作用是调节培养料的酸碱度,抑制发酵过程中产酸菌的繁殖,促进放线菌等嗜热微生物的繁殖。生产中根据培养料的不同、生产时期的不同及发酵时间的长短,石灰的添加量一般为1%~4%。另外,如果石灰质量差或原料有酸变的,石灰的添加量应该适当增加。

(2)麸皮　麸皮营养丰富,也是配制草菇培养料的主要辅料。在选择麸皮时,要求麸皮新鲜无霉变、无虫蛀、不板结。另外在配制稻草、麦秸等秸秆类培养料时,最好使用颗粒较细的麸皮,因为麸皮颗粒较细时,容易与这类培养料充分混合,拌料均匀。添加麸皮,一般可以加速发酵进程,增强出菇后劲,但也会影响培养料的酸碱度,因此应酌量增加石灰用量。

(3)玉米粉　含碳50.92%,氮2.28%,另外玉米粉中的维生素 B_2 含量高于其他谷物,适当添加玉米粉,可以增加培养料的营养源,加强菌丝的活力,提高草菇产量,除使用量与麸皮不同外,在选择和使用时的注意事项同麸皮。

(4)黄豆粉、饼肥　这类物质营养丰富,含氮量较高,如花生饼含碳49.04%,含氮4.60%,碳氮比为10.67:1;菜子饼含碳量45.20%,含氮量4.60%,碳氮比9.83:1;豆饼含碳量为47.46%,含氮量为7.0%,碳氮比为6.78:1。各类饼肥可以为草菇生长补充氮源营养,使用时必须粉碎。原料选择、使用方法和特点同麸皮。

(5)牲畜粪便　粪肥可以促进培养料的充分发酵,同时为草菇菌丝生长提供氮源营养,粪肥的种类很多,草菇生产中多使用的是牛、马、猪、羊、鸡等牲畜的粪便,粪便因其来源不一样,各自的营养成分也不一样,因此,在使用粪肥作为草菇生产的辅料时,也需要根据使用粪肥的不同添加适宜的粪肥量。粪肥最好晒干后再使用,另外,在与培养料混合前要充分堆制发酵后再使用。

(6)各类化学辅料 草菇生产中常用的化学肥料主要有氯化钾、磷酸二氢钾、过磷酸钙及各类辅料。氯化钾可以对草菇发育成活有促进作用,用量一般为0.05%~0.08%;磷酸二氢钾有促进成菇的作用,用量一般不超过0.04%,否则可能出现小菇多,不易壮大的情况;过磷酸钙也有促进成菇的作用,同时也可补充适量的硫元素,添加量一般为0.5%~0.8%。

3.栽培草菇常用的主要原料和辅助原料 化学成分见表4。

表4 常见农作物秸秆及副产品化学成分分析表(%)

种类		水分	粗蛋白质	粗脂肪	粗纤维(含木质素)	无氮浸出物(可溶性碳水化合物)	粗灰分
秸秆类	稻草	13.4	1.8	1.5	28.0	42.9	12.4
	小麦秆	10.0	3.1	1.3	32.6	43.9	9.1
	大麦秆	12.9	6.4	1.6	33.4	37.8	7.9
	玉米秆	11.2	3.5	0.8	33.4	42.7	8.4
	高粱秆	10.2	3.2		33.0	48.5	4.6
	黄豆秆	14.1	9.2	1.7	36.4	34.2	4.4
	棉秆	12.6	4.9	0.7	41.4	36.6	3.8
	棉铃壳	13.6	5.0	1.5	34.5	39.5	5.9
副产品类	稻壳	6.8	2.0	0.6	45.2	28.5	16.9
	统糠	13.4	2.2	2.8	29.9	38.0	13.7
	细米糠	9.0	9.4	15.0	11.0	46.0	9.6
	麦麸	12.1	13.5	3.8	10.4	55.4	4.8
	玉米芯	8.7	2.0	0.7	28.2	58.0	20.0
	花生壳	10.1	7.7	5.9	59.9	10.4	6.0
	玉米糠	10.7	8.9	4.2	1.7	72.6	1.9
	高粱糠	13.5	10.2	13.4	5.2	50.0	7.7
	豆饼	12.1	35.9	6.9	4.6	34.9	5.1
	菜饼	4.6	38.1	11.4	10.1	29.9	5.9
	芝麻饼	7.8	39.4	5.1	10.0	28.6	9.1
	废棉	12.5	7.9	1.6	38.5	30.9	8.6
	棉仁粕	10.8	32.6	0.6	13.6	36.9	5.6
谷粒、薯类等	稻谷	13.0	9.1	2.4	8.9	61.3	5.4
	大麦	14.5	10.0	1.9	4.0	67.1	2.5
	小麦	13.5	10.7	2.2	2.8	68.9	1.9
	黄豆	12.4	36.6	14.0	3.9	28.9	4.2
	玉米	12.2	9.6	5.6	1.5	69.7	1.0
	高粱	12.5	8.7	3.5	4.5	67.6	3.2
	小米	13.3	9.8	4.3	8.5	61.9	2.2
	木屑	23.2	0.4	4.5	42.7	28.6	0.6

草菇种植原料很多,各有各的优点,不管是选择哪种原料,关键是就地取材、降低成本、提高效益,但不是为了产量不计成本;但在效益突出季节,也应考虑使用高附加值原料,毕竟投入和产出是成正比的;同时,选择原料时应兼顾自己的技术,不可贸然选用不熟悉的原料进行大规模种植。

(三)培养料的配制

1.培养料的配制原则 草菇是一种草腐菌,许多原料都可以作为草菇的培养料,但是要想获得最大经济效益,还必须坚持以下几个原则:

(1)坚持就地取材,降低成本 所谓就地取材,是指培养料主料的选择上要根据当地农业的生产特点,选用当地来源充分,价格相对低廉的,适合草菇生长的原料来生产种植草菇。如产稻区一般选用稻草,产麦区选用麦秸,玉米种植区选用玉米秆等。

(2)坚持原料处理简单省工原则 适宜栽培草菇的原料很多,但不同培养料的处理方法也不一样。近年来,用工成本逐年增加,这已成为食用菌生产种植成本中一项较大的开支。对于不同的原料,最好选用那些处理简单,操作容易,能够机械化作业的原料用来生产草菇。如用玉米芯种植草菇,玉米芯粉碎可以用粉碎机,预湿翻料可以用翻料机等,用工量的减少无疑间接增加了种植的经济效益。

(3)配方要高产、稳产原则 草菇种植只有高产、稳产,才能获得较高的经济效益,而这一切要有营养丰富、配方合理的高产配方作为基础。选用新的原料生产草菇前,一定要对使用的草菇培养料配方做出菇配方试验,只有确信要使用的配方能够高产、稳产,才能大面积在生产中应用。

2.培养料配方 草菇培养料配方比较多,这里简单介绍几个有代表性的培养料配方:

(1)棉子壳培养料 棉子壳 70%,玉米芯 20%,麸皮 5%,磷肥 2%~3%,石灰 2%~3%,0.1%克霉灵。

(2)废棉渣培养料 废棉渣 50%,棉子壳 40%,稻草(麦秸)7%,石灰

2%~3%,0.1%克霉灵。

(3)稻草培养料　稻草86%~87%,麸皮(米糠)10%,另加入3%~4%石灰(主要用于浸泡稻草),0.1%克霉灵。

(4)稻草、棉子壳混合料　稻草72%~73%,棉子壳20%,麸皮(米糠)5%,另加入2%~3%石灰(主要用于浸泡稻草),0.1%克霉灵。

(5)玉米秆(玉米芯)培养料　玉米秆(玉米芯)80%~85%,棉子壳10%~15%,磷肥2%,石灰2%~3%。

(6)麦秸培养料　麦秸86%~87%,干牛粪5%,麸皮5%,另加入3%~4%石灰(主要用于浸泡麦秸)。

(7)甘蔗渣培养料　甘蔗渣85%~90%,麸皮8%~12%,石灰2%~3%。

草菇 种植能手谈经

专家点评

八、关于栽培模式的选择利用问题 ••••••••••••••• ◆

草菇栽培区域的自然条件、设施条件、消费习惯和生产目的不同，其栽培模式、管理方法等亦有很大的差别。生产者应根据实际情况合理选择。

草菇的种植模式分为床架式立体栽培、塑料袋栽培、砖块式栽培、平面畦栽培、菇粮套种栽培以及堆料栽培六种栽培模式,目前生产上应用较多的是床架式立体栽培、塑料袋栽培和平面畦栽培三种形式。这三种栽培模式各有优缺点,不能一概而论,关键是结合当地季节、种植设施、种植习惯选择适合的种植模式,才能获得理想的种植产量和效益。

知识链接

(一)床架立体栽培模式

床架立体栽培模式主要是利用蘑菇房、泡沫房、现有房屋改造出菇房等设施搭建床架进行的立体栽培模式。特别是近几年推广的和双孢蘑菇搭配种植的一种周年种植模式,主要是在种植双孢蘑菇季节之前的高温季节种植 1~2 茬草菇,从而达到高温季节种植草菇,温度合适后种植双孢蘑菇目的,充分利用双孢蘑菇房,提高复种指数,提高单位面积的经济效益。

1.进料 将已发酵好的培养料运进菇房均匀上架后立即关闭门窗和通风口后,迅速通入蒸汽,使菇房内温度在 3~4 小时内上升到 60℃,并保持 12~16 小时, 然后停止蒸汽自然降温, 期间可进行轻微通风, 当料温降至 35~37℃时即可铺料播种。

2.铺料与播种

(1)平铺式铺料法 整理床架上的培养料,要求培养料表面除中间略现龟背式外,其余部分平整。培养料的厚度依气温高低而有区别,如气温 30℃,用棉子壳(玉米芯)作培养料的中心,最高处厚 15~18 厘米,用稻草作培养料的中心厚 20~25 厘米;气温高达 33℃时,棉子壳(玉米芯)作培养料的中心厚 12~15 厘米,稻草的中心厚 18~20 厘米;气温 25℃,棉子壳(玉米芯)的中心厚 18~20 厘米,稻草的中心厚 30 厘米。

(2)波浪式铺料法 整理床架上的培养料,按照菇床排列的纵向方向,做成形似波浪式的短小小埂菌床。小埂高 15~20 厘米(注意:依据种植原料不同调整料厚度),埂与埂之间相距 5~7 厘米。这种方法的优点是增加了出菇面积,通风良好,菌丝生长迅速,出菇早,菇体整齐。但这种方法比较费工、费时,如喷水较重时,小埂中部常被水渍,容易影响菌丝生长、出菇。

(3)播种方法 可参照双孢蘑菇栽培的播法,采用层播法,也可以采用穴播、条播法,这三种方法各有优缺点,可根据实际情况选用适合自己的播种方法,但播种结束后要注意覆盖薄膜保温、保湿,促进发菌。草菇播种主要采用层播法。

1)层播法(以稻草为例) 先在畦面四周撒一圈草菇栽培种,宽5厘米左右,将浸泡过的草把基部朝外,穗部朝内,一把接一把地紧密排列在畦面上;然后按比例均匀撒一层米糠或麸皮;铺好第一层后,在草把面上向内缩进3~4厘米,沿周围撒一圈菌种,菌种撒的宽度为5厘米左右;按第一层铺草把的方法内缩3~4厘米排放第二层草把,并按第一层撒菌种的方法撒菌种;第三、第四层撒种铺草的方法同第一、第二层,每层都必须浇水、踏实,一般堆4层左右即可;草堆顶上要覆盖草被,一般每堆草堆用草100~200千克,每100千克草用种5~6瓶。把菌种均匀撒在料面,播后覆盖一薄层培养料,再用一块木板把料面轻轻压平。

2)条播法 在床面按10厘米的距离挖一条宽3厘米、深3厘米的播种沟,把菌种均匀地播入,后轻轻压平。

3)穴播法 要把床面整平,先按7~8厘米的距离挖穴,再塞入一团菌种,并轻轻压平穴口。

3.菌丝生长期间的管理

(1)覆土 播后4~5天,床面菌丝开始蔓延生长时,就可在床面盖一层薄薄的火烧土或草木灰。也可盖疏松肥沃的壤土,并喷1%的石灰水,保持土壤湿润。

(2)温度 播种后菇房内气温应控制在33~35℃,料温35~40℃,料温最高不能超过40℃;若气温过低,低于28℃时就要进行加温。若夏季气温过高时,应注意降温,一般采取打开门窗通风换气或在菇房内空间喷雾和地面洒水的方法降温。

(3)料床湿度 各种条件适宜草菇生长的情况下,一般播种后一天,菌丝即能长满整个床面,2~4天可吃透培养料,一般下床比上床长得快。菌丝生长阶段,如果气温高,料面容易干燥,播种后3~4天应视情况向床面轻喷水1~2次,促使菌丝往下吃料。当菌丝吃透培养料时,揭去薄膜,喷足料中水分。

(4)光照 在草菇菌丝体生产阶段,基本上不需要光照,较强的光照对菌丝有毒害作用。因此,菌丝体生长阶段一定要采取一定的遮光措施。

(5)空气 在草菇的生长发育过程中要有充足的氧气供应,若氧气不足会抑制菌丝的生长。一般情况下,二氧化碳的浓度可提高至0.034%~0.1%,这样不仅能抑制各种杂菌发生,还能促进子实体原基形成。

4.出菇期的管理 喷结菇水后,应密切注意菇房内温度、湿度、通风这三个最关键的因素。温度应控制在28~32℃,不得低于28℃,温度低时应及时加温,若超过32℃,则应增加通风及洒水降温,空气相对湿度应控制在

90%以上,一般播种后5~6天即出现菇蕾。料面及料内干燥时要喷水,一定要轻喷勤喷,严禁重喷,水温以30℃左右为宜。

(二)塑料袋立体栽培模式

1.**装袋发菌**　栽培袋选用低压聚乙烯塑料袋。先用绳系活结扎紧一端袋口,在袋底撒一层菌种,装料要松紧适宜,边装边压实。装料15厘米高时,再撒一层菌种、装一层料,共3层菌种2层料,见图90。满袋后用绳扎紧袋口,用种量为料干重的15%。把接种后的菌袋排放在清洁通风的室内发菌,根据室内温度确定栽培袋摆放层数,一般温度高于32℃排放1~2层、低于28℃排放3~4层,每排间距5~10厘米,见图91。室温保持在30℃左右,空气相对湿度为70%,可以通过直接向地面及空间洒水调节发菌场地温、湿度。接种后直接用刀片在袋两端各切两道2厘米长的口,以供给菌种新鲜空气,促进菌丝生长。在适宜条件下,10~15天菌丝可长满全袋,进入出菇期。

图90　装袋

图91　发菌

2.**脱袋出菇**　出菇场所可选在塑料大棚内、玉米地及其他空闲地块,做深20厘米、长度与宽度不限的畦床,畦底拍平压实,喷5%石灰水与0.2%敌敌畏杀虫灭菌。把长满菌丝的菌袋去掉塑料袋,平排在畦床内,空隙用肥土填充(肥土配方:肥沃菜园土93.8千克、草木灰4千克、复合肥0.2千克、石灰2千克),然后用水灌畦,1米²灌水30千克,待水下渗后再在料面覆盖1.5~2厘米的肥土,见图92。露地出菇时,可在畦床上方搭弓形棚,覆盖薄膜与草苫保湿遮光,见图93,温度保持在30℃,空气相对湿度保持在90%。菌块覆土后2天,菌丝即长入土层,3~5天后料面即可出现小菇蕾。幼菇生长2~3天,当菌托即将破裂、菌托内的菌盖未展开时,要及时采收。每采收一茬菇后,应向料面喷洒0.1%复合肥溶液,约3天后二茬菇可现蕾。一般情况下可采收4~5茬菇。

图92　脱袋、覆土

图93　脱袋后保湿

草菇种植能手谈经

诚告家行

塑料袋立体栽培模式是一种新的栽培模式,它具有宜于提前种植、易发菌、便于立体栽培和产量高、易控制病虫害等优点;但袋栽同样存在费工、费时问题,并且需要注意防止发菌期出现"烧菌"("烧菌":是指菌丝生长期,培养料温度超过菌丝生长温度,从而产生菌丝萎缩,继而引发的培养料杂菌感染现象)现象。

(三)砖块式栽培草菇

砖块式栽培草菇具有产量高、易管理、病虫危害少等优点。

1. 砖块制作　自制数个长40厘米、高15厘米的正方形木框或塑料筐。将木框上放1张薄膜(长、宽约150厘米,中间每隔15厘米打一个10厘米大的洞,以利透水通气)。向框内装入发酵好的培养料,压实,料面上盖好薄膜,提起木框,便做成砖块,见图94。

图94　塑料筐栽培

2.灭菌与接种　制好草砖块要进行常压灭菌(100℃保持8~10小时)。灭菌后搬入栽培室(栽培室事先要进行清洗,用敌敌畏1 500倍液熏蒸),待料温降至37℃以下时进行接种。接种时先把料面上的薄膜打开,用撒播法播种,播种后马上盖回薄膜,搬上菇床养菌。

3.栽培管理　接种后5天,把料面上薄膜解开,盖上1~2厘米厚的火烧土。再过3天便可喷水,保持空气相对湿度在85%~95%,以促进原基的生长发育。一般现蕾后3~5天就可采菇。第一茬菇采完后,检查培养料的含水量,必要时可用pH8~9的石灰水喷洒料面。然后提高菇房温度,促使菌丝恢复生长(有条件可进行二次播种)。再按上述方法进行管理,一般整个栽培周期为30天,可采2~3茬菇。

　　该种植模式操作方便、便于管理,但该种植模式用工量大,不易于进行大面积种植。

(四)玉米地套种草菇

玉米地套种草菇,是一种较好的菇粮间作套种、立体栽培模式。草菇不与玉米争地、争肥、争空间,仅利用玉米地良好的温度、湿度和遮阴环境进行生长,不减少玉米种植株数、不影响玉米产量;同时,草菇培养料覆盖地表具有保墒、减少杂草的功能,有促进玉米生长作用,收过菇的废料就地还田,增加土壤有机质、培肥地力,提高下茬作物产量,促进农业的良性循环。

1.场地选择　场地要选在地势较高、平坦、不积水、水源方便、土壤肥力中等以上的大面积玉米地里。

2.玉米种植方式　玉米按常规法种植,下种前施足底肥,浇足底水,耕耙平整,按等行距60~65厘米,株距20厘米,667米^{2}种玉米约3 500株。

3.套种时间　在玉米叶片将玉米田间的行间完全遮阴时,将玉米行间的土铲出培在玉米植株根茎处,做成菇床,菇床深20厘米,宽度以玉米行间为度,长度以玉米畦长或便于管理而定。播种前3~4天,在床内浇透底水。待床底土稍干后,在床底撒一层石灰粉即可进行套种。

该种植方式是前几年推广的菇粮套种模式，既投资小、又节约土地，并且菇粮两不误，种菇下脚料直接还田还可以有效增加土壤有机质，促进农业的良性循环，但受湿度影响较大，只要湿度有保证，即可推广、使用该种植模式。

（五）利用工厂化生产杏鲍菇废料种植草菇

根据草菇和杏鲍菇对原料利用的特点，工厂化杏鲍菇原料配置特点以及杏鲍菇废菌棒的理化性质，杏鲍菇废菌棒可以用来生产种植草菇，而且，原料处理简单、易管理、菇质好、产量高。下面以河南省新乡市农业科学院食用菌研究所提供的杏鲍菇废料种植草菇技术介绍该配套技术的特点与生产种植过程。

1.杏鲍菇原料处理

（1）杏鲍菇生产种植配方　玉米芯 40%、锯末 30%、麸皮 25%，玉米面 2%、豆粕 1%、石膏 1%、碳酸钙 1%，料水比为 1:1.2，利用该配方生产种植杏鲍菇，每个菌包可以产杏鲍菇 0.4 千克以上。

（2）种植草菇原料配方　在杏鲍菇废料中添加 3% 石灰即可。

（3）杏鲍菇废菌包原料处理

1）杏鲍菇废料处理　将出菇结束后的杏鲍菇废菌棒(挑选无杂菌污染、清理菌袋上残留的杏鲍菇子实体或较厚的子实体组织) 脱袋后用碎袋机将菌棒粉碎后摊开晾晒，晾干或废料晒到水分在 40% 以下即可使用，见图 95。

废料处理注意事项：杏鲍菇废菌棒一定要经过挑选，并且菌棒上残留的子实体组织一定要清理干净，避免在种植草菇中被杂菌感染或引发虫害，另外，废菌棒粉碎后摊开晾晒时要注意不可太厚，防治废料因营养丰富而发热变质或感染杂菌。

2）原料堆置发酵　将培养料用 2% 的石灰水预湿（培养料水分调到70% 左右，手握一把培养料用力握后，指缝间渗出 3~4 滴水即可）后将培养料建堆发酵，由于培养料颗粒较细，一般建堆时堆高在 60~70 厘米，长、宽在 2 米以上，发酵过程中在培养料堆表面按 40 厘米×30 厘米打透气孔，透气孔不可太小，一般孔直径在 15 厘米为好。建堆后夏季一般 24 小时后堆温

图95 杏鲍菇原料处理

即可达到 60℃以上,翻堆一次(翻堆过程中视培养料水分大小用石灰水合理调节培养料水分),重新建堆,待培养料再次升温达到 60℃以上后保持 24 小时即可翻堆,翻堆时加入 0.1% 的杀菌剂如克霉灵,堆闷 24 小时后培养料即可趁热运至出菇棚摊料铺畦。此时培养料水分在 63%~65%,发酵均匀,培养料 pH 在 8 左右,培养料无虫、无臭味。

发酵注意事项:培养料水分一定要调节充足,由于杏鲍菇废料铺畦后在较长时间内培养料料温会持续高温,并且正常情况下,出菇后劲较足,如果水分偏小,不但会影响发酵料质量,使培养料滋生杂菌,更会严重影响草菇的产量。

2.种植

(1)铺畦 将培养料整理后开始铺畦,一般畦宽以 80 厘米为好,长度根据菇棚大小设计,培养料表面可设计成龟背形畦面或波浪式畦面,培养料的厚度依气温高低而有区别,如气温在 30℃左右,最高处厚 15~20 厘米,气温在 25℃左右时,培养料最高处厚度可铺 20~25 厘米。

(2)播种、发菌管理

1)播种 铺畦结束后即可播种,但料温一般需稳定在 40℃以下方可播种,温度较低的季节如春末秋初可以在温度为 45℃以下进行播种。播种方法可采用层播法。

2)发菌管理 由于杏鲍菇废料富含麸皮等氮源丰富的物质,加之培养料质地较细,培养料铺畦播种后会很快升温,此时应密切注意培养料料温。

播种后,培养料中间部分的料温在 40~45℃,培养料表面温度在 32~35℃时,最适宜菌丝萌发生长蔓延。如料温过高,视温度高低可采用适当通风、培养料表面打洞、喷水等方法降温。草菇在发菌期,一般情况下气温较高,料面容易干燥,因此,在播种后,可适当在出菇棚内空间喷水,地面洒水等方法控制出菇棚湿度,也可通过加盖薄膜、报纸,保持培养料表面湿润。

3.出菇管理 一般在播种 6~7 天后,根据草菇对温湿度的要求指标,逐渐增加出菇棚的环境湿度,控制室温在 28~32℃,并且适当通风换气,增加光照等措施,以诱发子实体原基形成。一般播种后 7~10 天,培养料表面便会陆续出现白色小米粒状的子实体原基。此时要求培养料中央温度在 32~42℃最好,堆温过低,会引起草菇死亡。通过空间喷水,控制空气湿度在 90%~95%。喷水时,喷头一定要向上轻喷,必须注意,在草菇子实体原基刚形成时,不能喷水过多,要轻喷,以雾状水最好,禁止将水直接喷到菇蕾上,以免草菇原基死亡。从见到菇蕾到采收一般需 2~3 天时间,采收一茬菇后按常规方法管理,适当补充营养,一般 3~5 天后下茬菇便会出现。

(六)利用鸡腿菇废料种植草菇

种植鸡腿菇的原料多为棉子壳、玉米芯、各种农作物秸秆,鸡腿菇出菇结束后,废弃的鸡腿菇料对于草菇而言,营养也是极其丰富的,尤其是春季鸡腿菇生产的废料,由于鸡腿菇出菇期相对秋季生产鸡腿菇的原料而言,出菇时间较短,培养料的物理性质变化较小,只要稍做处理就是种植草菇很好的原料。用鸡腿菇废料生产种植草菇,同样具有原料处理简单、易管理、菇质好、产量高的优点。现以玉米芯为主料的鸡腿菇废料介绍该技术的主要生产过程。

1.种植鸡腿菇原料处理

(1)鸡腿菇原料的生产配方 玉米芯 60%、棉子壳 33%、尿素 1%,磷肥 2%、石膏 1%、石灰 3%。鸡腿菇配方很多,多数的配方都可以用来种植草菇,但要想取得草菇的高产,应先做废料出菇试验才能大面积推广。

(2)原料处理

1)鸡腿菇废料挑选和简单处理 用鸡腿菇废料种植生产草菇,多选用春季生产种植的鸡腿菇废料,此时的废料,微生物分解培养料的时间短,玉米芯的颗粒性较强。选择种植草菇的培养料不能有杂菌感染(鸡爪菌感染的培养料影响较小,但不能有绿霉、曲霉等真菌性杂菌)。废料取好后用人工或机器将培养料粉碎并摊开晾晒,待培养料晒干后储存备用(如果晾晒后立即使用,培养料晒至六七成干时即可使用),见图96。

2)培养料发酵处理 参照本节杏鲍菇废料堆置发酵方法。

3)培养料的后发酵 在条件允许的情况下,鸡腿菇废料发酵结束后可

图 96 鸡腿菇废料处理

以进行二次发酵,一般采用炉火或蒸汽加温。基本方法是将培养料发酵后运至出菇房,发酵准备结束后即可开始加热,首先将温度升至60℃后维持6~8小时,然后开始降温至50~52℃,维持48小时即可。

　　培养料进行二次发酵,前发酵的时间控制在2~3天,培养料预湿时水分要根据二次发酵选择的热源合理控制,用炉火加温,培养料水分可控制在70%左右,用蒸汽加热的培养料水分可控制在65%~70%,如果水分不足,在发酵结束时后可及时用2%石灰水来调节培养料的含水量。另外,二次发酵时间要比常规二次发酵时间短,不可按常规时间发酵。

　　2.铺畦、播种、发菌、出菇管理　原料发酵结束后即可铺畦播种,发菌、出菇管理方法同杏鲍菇废料种植草菇。

诚告家行

　　挑选培养料时,应小心取料,种植草菇培养料中要尽量少混土;培养料发菌时期,一定要注意防虫,尤其培养料没有经过二次发酵处理的,要勤检查培养料虫害情况,尤其注意螨虫发生情况,并且要定期进行杀虫处理。

草菇 种植能手谈经

九、草菇产量低而不稳问题的分析与处理 ----------- ◆

草菇产量低而不稳的原因，有自身因素，也有栽培因素，通过优化品种、提高管理水平等措施加强管理可有效提高产量。

草菇产量低而不稳的内因主要是自身种性问题,外因主要是栽培管理问题。解决内因的方法主要是通过育种手段培育健壮菌种,提高菌种对培养原料的分解、吸收能力,增强对培养料养分的吸收、转化,提高品种本身的高产、丰产性和抗逆性;解决外因的方法主要是通过加强管理提高管理技能,协调管理环节,增加增产措施,减少管理失误,防止管理措施不得当对草菇增产水平的影响,发挥品种本身最大潜力、提高品种对培养料利用率,获得草菇种植的优质、高产。

知识链接

(一)草菇产量低而不稳原因

1. 草菇自身种性特点　与一般食用菌比较,草菇菌丝生长快、易衰老、自溶,营养生长不充分,养分积累少,二茬菇产量偏低;菌丝纤细、稀疏、易断裂,养分输送不畅,后期原基形成困难,死菇蕾多;缺乏降解木质素的酶系,选择性较高,比一般菇类的利用率低等特性,最终导致草菇单产低,生物学效率低。

2. 栽培管理因素　由于草菇种性特点,增加了管理难度,一是草菇喜高温、恒温,对气温变化敏感,一旦管理疏忽,温度过高、过低都会直接伤害菌丝;二是草菇需要适宜培养料,配制培养料时,氮素不足或过高,碳氮比不合适,预堆时堆温低,发酵不充分,有害微生物继续繁殖活动,都会抑制草菇菌丝生长;三是水分不足,空间湿度低,补水方法不当;四是菇棚门窗关闭过严,料面覆膜时间过长,二氧化碳浓度过高和光照不足等均可引起整批幼菇枯萎死亡。

(二)解决办法

1. 优化菌种、提高播量　选择抗逆性强的高产菌株和活力强的适龄菌种播种,适当增加播种量(有条件的可以将菌种播量提高至20%),有利于提高种植成功率和培养料生物学转化率。

2. 配好培养料　配备合适高产的培养料,采用巴氏消毒或酵素菌预堆发酵技术,形成持续高温环境,熟化培养料,有效抑制和杀灭有害杂菌,缩短发酵期,减少发酵过程中干物质的损失,防止厌氧菌的繁殖与腐败,改善微生物区系。

3. 选好种植模式　推广室内或塑料棚内床架式栽培,较好地进行温度、湿度、光照和通风的调节,加强科学管理,保护原基和幼菇生长期不受伤害;菇棚内既要保证有足够的氧气,又要避免通风引起的温度不稳和湿度降低,创造有利于草菇菌丝生长和子实体形成和发育的生态环境,为草菇获得高产、稳产奠定坚实的环境基础。

4. 加强湿度管理　在高温环境下种植草菇,环境湿度对草菇产量影响非常大,保证足够大的湿度可以减少培养料和菇体自身水分挥发,降低管理难度,减轻劳动强度,为取得高产奠定基础;在整个出菇期控制出菇空间相对湿度不低于85%、最高不超过95%,要做到勤喷水、少喷水,忌喷大水、喷重水和防止喷凉水(指温度低于28℃的水),防止因喷水造成料温变化过大,出现菌丝养分输送倒流,影响正常出菇以及菇体生长,形成大量死菇现象,直接导致产量下降。

5. 控制出菇温度　由于草菇是高温、稳温型品种,需要生长在高温季节或高温环境,因此在种植草菇的出菇阶段,一是一定要控制温度,保证出菇期空间温度不低于25℃,不高于35℃,以利于草菇正常生长;二是一定要保证出菇期空间温度不要变化过大,一般温度起伏不超过5℃,避免因温度起伏过大造成幼菇大面积死亡;三是控制培养料温度要稳定在28～32℃,不要起伏过大;四是针对利用自然温度提早种植和延后种植的,温度管理更为重要,因为温度是决定种植成功和高产的关键因素。

6. 做好虫害预防　草菇生长在高温、高湿环境中,很容易遭受害虫危害,特别是菇蝇、菇蚊、地老虎以及螨类危害。在草菇生长周期,以预防为主,只要做到预防不让虫口密度达到危害程度即可,不可滥用杀虫剂,不可一味追求"无虫管理";在预防过程中,按照每5～7天喷晒一次高效、低毒杀虫剂(如:菊酯类杀虫剂、敌菇虫、虫螨净、菌蛆灵等)即可;喷晒杀虫剂时,按照"早发现、早治疗","以场地、空间喷洒为主,料面喷洒为辅"和"无菇时喷料面,长菇时不喷料面"三个原则,确保生产出的草菇达到绿色、无公害食用菌标准。

7. 注意调节酸碱度　具体做法:出一茬菇后,及时向培养料喷洒1%石灰水,不仅可补充培养基料内的水分,还可使培养料呈偏碱性。

8. "一"提倡、"二"建议　主要是通过覆土出菇、补充营养和二次播种这三项行之有效的增产管理技术,提高草菇种植产量。

(1)提倡覆土出菇　覆土有利于保湿和促进菌丝生长,并可支撑子实体生长发育,减少幼菇枯萎、死亡,同时覆土中所含养分也可被草菇菌丝吸收利用,起到一定补肥作用,是一项简便、效果好的增产措施。

覆土材料最好选用菜园土,土质以肥沃的沙壤土(如果覆土偏黏性,可以加入20%左右炉渣)为宜,土粒直径不超过2厘米。先将覆土打碎暴晒2天后拌入2%石灰和适量水喷匀堆闷24小时后再用,覆土厚度一般是1.5~2厘米。

(2)建议补充营养　适当补充营养进行追肥有利于提高草菇种植综合产量。一是在草菇的小纽扣期,结合喷水管理喷洒菇大壮、双孢蘑菇专用肥等食用菌专用增产剂,可以有效提高当茬草菇产量;二是在每出一茬菇后,喷晒一次防霉多潮王、三十烷醇等食用菌专用防霉、促转潮、增产剂,可以提高草菇种植整体产量。

(3)建议二次接种　采取二次接种措施,有利于草菇增产。草菇菌丝生长速度太快,极容易老化,导致生活力减弱,不能有效地利用培养料中的养分继续出菇。在第一茬菇采收后,撬松料面,并用石灰水泼湿,将培养料pH调整在8~9;然后在料面撒播菌种,播后覆盖一薄层发酵过的培养料。也可在第1~2茬菇采收后,将料块翻过来,把底层培养料翻到表层,喷洒1%的石灰水,调整酸碱度。然后再在料面二次接种,接种量为3%~5%,一般可增产30%左右。

草菇 种植能手谈经

十、关于草菇的采收和采后保值增值技术 ············· ◆

本节介绍了草菇的采收分级、加工、销售，如何延长草菇的货架期，增加其附加值，是本节探讨的重点。

草菇同其他食用菌品种不同,其子实体有一层外包皮,外包皮一旦破裂,商品价值会随之下降,因此要求草菇的采收一定要及时;为了提高商品价值和取得更高的经济效益,采收后的草菇根据需要及时分级;为了防止采收后的草菇自身继续生长(注:在高温季节,采收后的草菇自身成熟速度加快,易出现包皮破裂现象),从而造成子实体包皮破裂、影响商品价值,对分级后的草菇要及时保鲜和加工。

草菇的加工方法很多,主要有盐渍菇、干制菇、罐头、低温保鲜菇、速冻菇和清水菇,目前以盐渍菇、干制和罐头三种加工方式居多,低温保鲜菇、速冻菇和清水菇三种加工方式也悄然兴起。

知识链接

（一）草菇采收标准和方法

1. 采收标准　当草菇子实体生长到蛋形期后,菇体饱满光滑,菇质较硬,颜色由深变浅,草菇外包被尚未破裂,用手指轻轻捏子实体的顶部,有弹性,手摸菇体其中间无空腔感,此时应立即采收,采收适合期见图97。这时的菇蛋白质含量最多,吃时味最美,商品价值最高。

图97　采收适合期

2. 采收方法　草菇采收前要停止洒水,以利于保鲜和运输。鲜菇采后的用途不同,其采收时间也有差异。如制作罐头时要在蛋形中期采收,鲜销时在蛋形中后期采收。采摘时一手按住子实体生长的基部(小心保护未成熟的幼菇),一手捏住菇体将成熟的子实体拧转摘起。如丛状生长时,最好

在大部分菇蕾适宜采收时一齐采摘,个别先成熟的,也可用小刀小心地从基部切掉,留下纽扣菇让其继续生长,这样能提高草菇产量。特别要提的是,草菇采收不同于其他食用菌品种,草菇生长速度快、老化速度快,必须及时采收(每天必须进行 2~3 次采收),防止菇体包皮破裂,确保菇体质量。

诚告家行

草菇必须按照采收标准及时进行采收,严防错过标准采收期,影响产品的商品价值。

(二) 鲜菇保鲜

采收后的鲜草菇在运往销售市场过程中的简便包装,见图98、图99,主要用食品袋装成 250~500 克的小袋,供消费者鲜食。

图98　保鲜包装(托盘)　　　　　　　图99　小塑料筐

1. **低温保鲜**　将去过杂质的菇体放在竹筐或塑料筐里,每筐装 15~20厘米厚,放置在 18℃ 的低温室中,可保鲜 24~30 个小时,但注意控制室温不要低于 15℃,否则草菇就要发生冻害,从而影响市场销售。

在低温保藏过程中,草菇仍然是以活体的形式存在,仍旧有微弱的呼吸作用,并产生一定热量。因此,存放过程中不可堆积过厚,在低温室中,如果草菇存放较多,一定要保证草菇能够散热通畅,避免外凉内热,造成保鲜失败。

2. **速冻保鲜**　将采收后的草菇分级后,去杂后装入塑料箱或塑料盒中,放入 -22~-20℃ 的冷藏库中保藏。一般可以保持 3 个月左右,使草菇的味道、色泽基本不变。

3. **辐射保鲜**　这种储存保鲜方法是近年来新兴的保鲜方法。这种方法主要是利用钴60为放射源,控制5万伦琴左右强度的γ射线照射,菇体中的水分和其他物质将发生电离,可以杀死细胞,抑制菇体中酶的活性,阻止和降低菇体的新陈代谢,从而达到草菇保鲜的目的。经过大量的试验材料和理论分析,辐射处理过的草菇是安全无害的。

辐射处理保鲜储存的基本方法是:将处理好和分级后的草菇放入塑料袋,以钴60射线为放射源,辐射剂量为8～12万拉德处理后,放入14～16℃的库房或冷房中保存,一般保存2～3天,商品性状基本不会改变。辐射中如果改变辐射剂量,保鲜存放的时间也会有所不同。当然,辐射保鲜要求有先进的设备和较严格的技术管理,如果生产规模不大,这种保鲜方法一般是不采用的。

诚告家行

草菇鲜菇进行保鲜后直接销售,是提高草菇种植效益的有效方法之一,低温保鲜技术相对简单、行之有效。

(三)盐渍加工

盐渍加工是最常用的一种加工方法,与其他食用菌的盐渍加工原理和方法基本一致,但草菇盐渍在高温季节极易腐败,故在加工的具体操作上略有不同。盐渍的草菇首先要求菇根切削要平整,不带任何培养料和杂质,剔除菇色发黄的死菇,否则加工时会影响质量。

1. 漂洗　将草菇进行清水漂洗,清洗菇身上的泥屑,并在清水漂洗时及时拣尽杂质。

2. 预煮　预煮必须在铝锅或不锈钢锅中进行。将清水或10%的盐水烧开,按菇水1:(2～3)的比例倒入,煮沸10～15分,以菇心无白色为度。

3. 冷却　煮好后应立即捞出,倒入流动冷水冷却,要求充分冷透,菇体内外与外界温度一致,如果冷却不透,就容易造成腐败现象。

4. 盐渍　将清洗好的草菇沥去水分,然后进行盐渍加工。盐渍方法有两种,一种是生盐盐渍,一种是熟盐盐渍。

(1)生盐盐渍　该方法操作简单,管理方便,但加工不当,易使菇色变黄,影响加工质量。将沥去水分的草菇按100千克加60～70千克食盐的比例逐层盐渍,先在缸底放一层盐,加一层菇,再逐层加盐、加菇;也可以将盐和菇拌和,直至缸满,满缸后覆一层盐封顶,上面再加盖加压,直至腌制完毕。在装桶时再用22波美度的熟食盐水浸制。桶装盐渍菇见图100。

(2)熟盐盐渍 该方法比较科学,盐渍好的草菇色泽鲜亮,菇形饱满,加工质量好,见图101,只是操作繁杂,管理上较困难。先制备好饱和食盐水,且需烧开。冷却后倒入草菇,要求盐水浸没草菇,满缸后,上面覆盖一层纱布,再在纱布上加一层盐。这种方法盐渍的草菇,质量好,杂质少。熟盐盐渍要求做到勤翻缸,勤加熟盐水。一般第一次翻缸在6小时后,当盐水浓度下降到10波美度以下要及时翻缸,并加入22波美度的熟盐水,再在其上覆纱布和一层盐。第二次翻缸可以适当延长些,一般在8~10小时后,每次都要没入22波美度的盐水中腌制,一般需4~5次翻缸后,逐渐稳定至21~22波美度,大概需要1周,盐渍方告完成。第一次翻缸的盐水应弃之不用,第二次以后的盐水可以再利用。加工过程中必须注意勤观察,防止缸内起沫发泡,影响盐渍质量,一旦发现,应及时翻缸。

图100 桶装生盐盐渍菇　　　　　图101 熟盐盐渍菇

5. 装桶 稳定在21~22波美度的草菇,即可以进行装桶。装桶应该注意:一是必须用饱和盐水浸没草菇,否则贮藏时易产生异味变质;二是不能在桶内多加草菇以免造成挤压,影响质量。

诚告家行

盐渍菇是历年来草菇保鲜的主要产品,是出口和内销的主要加工产品,其不仅可以进行市场直销,还可以再加工生产罐制品和清水菇等其他产品。盐渍菇加工原理简单,投资小,设备简单,操作可行性强,但要严格按照加工程序和食盐用量进行操作,防止高温季节盐渍菇出现变质、腐败现象,影响产品的销售。

草菇种植能手谈经

（四）干制加工

干制是将新鲜草菇经过自然或人工干燥方法降低其含水量，使其成为含水量只有13%左右的干品，见图102。由于草菇干品香味浓郁、味道鲜美，且具有便于保存、运输和食用方便等特点，深受国内外市场欢迎，市场销路非常好，也是一种很好的加工方法。草菇干制分为自然干制（晒干）和人工干制（焙干、烘干）两种。

图102 干制草菇

1. 晒干 将采回来的新鲜草菇，用不锈钢刀削净基部杂质，将草菇纵剖，但基部不能切透并连在一起，切口向上排放在竹帘、席子或筛子上，在强日光下脱水，中间要勤翻，小心操作，避免损坏，一般每隔2～3小时翻一次，2天后草菇可脱水至含水量15%左右。

这种方法获得的干菇，虽然操作简便，方法简单，但比较费时间，且菇体含水量比烘干菇略高，不耐长久储藏，如遇阴雨天就无法进行；同时由于温度、时间等不确定因素较多，菇体颜色相差较大。

2. 焙干 将采回来的新鲜草菇，用锋利的小刀削净基部杂质，纵切成包皮处相连的两半，切口朝上，排列在竹制或铁丝制的烘盘上，再将烘盘放在焙笼（焙笼用竹篾编制而成，上放烘盘，下面有锅和火炉装炭火）上烘烤。入焙时，最好在炭火上加一层灰烬，使炭火无烟、无火舌。为节省燃料，晴天时可以把切好的草菇先在太阳下晒几个小时，再进行烘焙；烘焙时开始温度要控制在40℃为宜，不能超过45℃，2小时后升到50℃，七八成干后，温度再升到60℃，直至菇体脆硬时，即可出焙。

这种方法加工的草菇香味浓郁，规模小、成本低，操作方便、方法简单，非常适合小规模生产的菇农。但用这种方法焙干时温度容易出现过高、过低，焙出的菇有发黄、发黑现象，影响产品的商品价值。

3. 烘干 将鲜菇或切片鲜菇放在食用菌脱水烘干机中，用电、煤、柴等加热烘干。烘干的草菇，脱水速度快，效率高，干制质量好，能发散出浓郁的菇香味，耐久藏，适用于规模化、工厂化干制加工。

（1）烘干步骤

第一步 及时摊晾所采鲜菇，摊放在通风干燥场地的竹帘上，以加快菇

体表层水分蒸发。

第二步　整理、装机、烘烤。要求当日采收,当日烘烤。

第三步　掌握火候,切不可高温急烘。

(2)开机操作务求规范　在点火升温的同时,启动排风扇,使热源均匀输入烘房。为防止在烘烤过程中草菇细胞新陈代谢加剧,造成菇体包皮破裂、降低品质,在鲜菇进烘干机前可先将烘干机空机增温到35~38℃时,再将摆好鲜菇的烘帘分层放入烘房(注意:质量好的放上层,质量差的放下层)。

(3)烘房温度控制　1~4小时保持38~40℃,4~8小时保持40~45℃,8~12小时保持45~50℃,12~16小时保持50~53℃,17小时保持55℃,18小时至烘干保持60℃。需要说明的是,具体烘干时间根据菇体含水量灵活掌握。

(4)烘房通风及湿度控制　1~8小时全部打开排湿窗,8~12小时通风量保持50%左右,10~15小时通风量保持30%,16小时后,菇体已基本干燥,可长闭排湿窗。用指甲顶压菇体感觉坚硬并稍有指甲痕迹、翻动哗哗有声时,表明草菇干度已够,可出房冷却包装。整个烘干期要特别注意排湿、通风,随着菇体内部水分的蒸发,烘房内通风不畅会造成其色泽灰褐,品质下降。

诚告家行

烘干新鲜草菇注意事项:一是进菇后严禁鼓风机停转,以防菇体变黑;二是开头温度不宜过高,风力不宜过大,否则菇身容易变形;三是认真检查干度,防止"假干"现象而造成成品回潮。

4. 远红外线烘干　烘烤时,将鲜菇片平放烘框上,送入腔内的料架上,然后调整温度表毫伏计到40~65℃,接通电源。待温度上升到要求度数时,就要打开吸风机,吸出水蒸气。经4小时后,含水量可降到30%~40%,此时可关掉风机。再经2~3小时,切断电源,借炉内余热,促进菇体干燥。一般每炉要8~10小时,含水量降到12%~13%即可。

5. 草菇干制品保藏　烘干好的草菇菇脚无杂质、切面色白、味香,含水量要控制在12%~13%,及时装入双层塑料袋中,封好袋口,放在阴凉干燥处保存,见图103。注意检查干制菇含水量,干度不足,容易发生霉变及虫害,长时间存放(特别是越夏存放)时对干度不够的要进行再次烘干;烘干过度的菇,含水量偏低,菇体容易破碎,防止重压,存放时要轻拿轻放,避免操作动作过大。

图103　塑料袋包装

6. 草菇干制品标准

(1)一级菇　长5厘米,切面横径在3厘米以上,基部厚度在1厘米以上,瓣形完整,菇肉色泽白,无杂质,气味芳香。

(2)二级菇　长4厘米,切面横径在2厘米以上,基部厚度在0.5厘米以上,其他同一级。

(3)三级菇　长3厘米,切面横径在1.5厘米以上,基部厚度在0.5厘米以上,瓣形较完整,菇肉色泽白或略黄,无杂质。

　　干制品也是草菇储存、保质的一个重要手段,但关键是加工质量、加工程序;严格注意干制加工后草菇产品的储存、保藏,严防产品回潮、霉变;加工后的草菇干制品存放、运输时,不可过分挤压,以免产品破碎。

（五）罐头加工

草菇营养丰富，味道鲜美，以其为原料制成的罐头，见图104，不仅食用方便、携带容易，而且保存时间长，是人们四季餐桌上的佳品，也非常受国内外市场欢迎。

图104　罐头

1. **工艺流程**　原料选择→处理→预煮→冷却→分选→配汤→装罐、加汤→排气、密封→杀菌、冷却→成品。

2. **操作要点**

（1）原料选择　草菇选用新鲜、无霉变、无虫害、无病变的。

（2）原料处理　剔除伸腰、开伞、破头及色泽不正常等不合格菇，用小刀将菇的根部泥沙、草屑削除干净，修削面保持整齐光滑。

（3）预煮　草菇采收后，按照罐头规格要求严格进行筛选，精选后立即浸入2%盐水中进行漂洗，将漂洗干净的草菇及时捞出，放入夹层锅中预煮两次，水与菇之比为(1.5~2)∶1，将草菇先放在80~85℃水中煮5分，再转入沸水中煮6~10分。

（4）冷却　预煮后的草菇要立即放入冷水中冷却，并用流动水漂洗。

（5）分选　冷却后的草菇放入滚筒式分级机中按制罐标准进行初步分级，然后再进行人工挑选分级，并剔除开伞破裂菇(破裂菇可用于片装)。

（6）配汤　盐水浓度为2.5%，注入罐内时温度不低于90℃。

（7）装罐、加汤　空罐清洗后经90℃以上热水消毒，沥干水分。每罐装入规定重量草菇后，加汤汁至封口处。

（8）排气、密封　中心温度80℃以上；以0.03~0.04兆帕抽真空封口。

（9）杀菌、冷却　杀菌在高压蒸汽锅中进行，在0.1兆帕压力下，维持20~30分，灭菌时间和温度以罐型而定。起罐后，置空气中冷却到60℃，再放到冷水中冷却到40℃。也可以采用反压冷却，能缩短冷却时间，有利于保持草菇的色、香、味。

3. **质量标准** 草菇呈茶褐色，汤汁较清晰，有鲜草菇的鲜味和滋味。草菇颗粒大小一致，固形物≥60%，氯化钠含量0.6%～1.0%。

4. **注意事项** 由于草菇是在气温高的夏季生产，原料采摘后极易伸腰或开伞。为了防止草菇伸腰或开伞，必须选择在清晨和傍晚凉爽的时间采摘和运输，并在4小时内运到工厂加工。到了工厂，要快速预煮，阻止草菇继续生长；若路途较远，可在当地预煮，及时带汤运回工厂，在运输过程中一定要防止草菇酸败变质；草菇罐头营养丰富，极易产生酸败，因而在加工过程中工艺流程要快速，器具等必须严格清洗消毒，以防变质、污染等发生。

（六）清水菇加工

清水菇是近几年新兴的一种加工方法，有用鲜草菇直接加工的，也有用盐渍菇加工的，见图105。

图105　清水菇

但由于标准体系不健全，请生产者谨慎用之。下面简单介绍用盐渍菇加工清水菇：

1. **脱盐** 盐渍草菇用水脱盐，一定要脱盐彻底，因草菇有一内包，故脱盐时间较长。

2. **配制杀菌液** 二氧化氯杀菌剂（8%）2克，用少许水（250克水）溶解，搅拌后静置10分左右，然后加水至1千克，得1千克杀菌液；20克二氧化氯杀菌剂用少量水（200克水）溶解，搅拌后静置10分左右，然后加水至10千克，得10千克杀菌液。把脱盐后的草菇，放入杀菌液中1.5～2小时。

3. **保鲜液** 以10千克为配制标准，首先用5克杀菌剂用500克水溶解，搅拌后静置10分，待用；其次把一份草菇保鲜剂的A剂，用2～5千克水溶解，完全溶解后把B剂倒入其中，搅拌完全溶解；最后把前两种溶解液混合，立刻加水到10千克即可，得保鲜液。

4. **装罐** 把杀菌的草菇从杀菌液中捞出，控净表面水，装入专用罐中，然后倒入保鲜液即可。此过程中草菇不要在空气中暴露时间太长。

诚告东行

清水菇是一种新的加工方法，但由于化学药品的使用，牵涉产品质量安全问题，请谨慎使用。

学菇

种植能手谈经

十一、关于草菇的常见病虫害防治问题 ⋯⋯⋯⋯⋯⋯⋯◆

　　草菇在生产发育过程中常受到病、虫等侵害,生产者进行细心观察,及时发现并采取正确治疗措施,是有效降低生产损失的最好方法。

（一）危害草菇的害虫识别与防治

由于草菇栽培处于高温、高湿季节，是各种害虫最多、最容易发生的季节，害虫的危害经常比杂菌的危害更大，且更难防治。防治效果的好坏直接影响草菇产量的高低，危害严重时，会导致绝收，一般应采取"预防为主"，并遵循"早发现、早治疗"的防治方法。常见的害虫有：菇螨、菇蝇、菇蚊、线虫、马陆、跳虫等。

1. 草菇常见害虫的识别

（1）菇螨的识别与危害症状　见图106、图107。

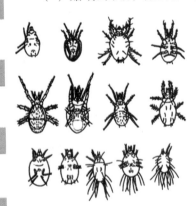

图106　各种菇螨成虫　　　　　　　图107　菇螨的危害症状

（2）菇蝇的识别与危害症状　见图108、图109。

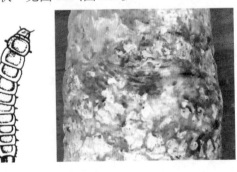

图108　菇蝇成虫及幼虫　　　　　　图109　菇蝇的危害症状

（3）菌蚊的识别与危害症状　见图110、图111。

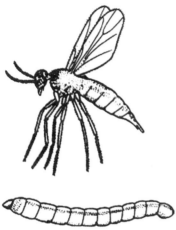

图110　菌蚊成虫及幼虫　　　　　　图111　菌蚊的危害症状

（4）跳虫的识别与危害症状　见图112、图113。

图112　各种跳虫成虫　　　　　　图113　跳虫的危害症状

（5）线虫的识别与危害症状　见图114、图115。

图114　各种线虫成虫　　　　　　图115　线虫的危害症状

2. 草菇虫害的无公害防治技术　参照中篇能手谈到的防治经验,及本书下篇"十一(三)"的有关内容。

(二)危害草菇的病害识别与防治

虽然草菇种植过程中易发生杂菌污染,但由于草菇菌丝生长迅速,生长周期短(30 天左右),只要将培养料处理好,按比例加入杀菌剂,并做到"勤观察、早发现、早处理",一般情况下,杂菌不容易大面积发生。

1. 草菇常见病害的识别

(1)肚脐菇症状的识别　见图 116。

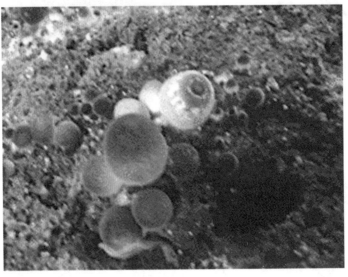

图 116　肚脐菇的症状

(2)浅色菇症状识别　见图 117。

图 117　浅色菇的症状

（3）鬼伞类杂菌的识别与危害症状　见图118、图119。

图118　鬼伞菌幼期危害症状　　　图119　鬼伞菌成熟期危害症状

（4）绿色木霉的识别与危害症状　见图120。

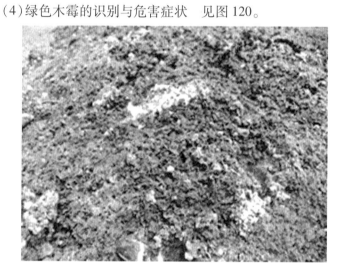

图120　绿色木霉的危害症状

（5）青霉的识别与危害症状　见图121。

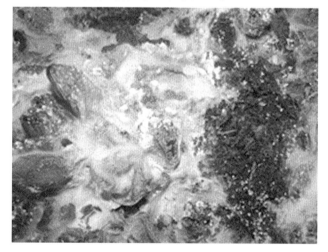

图121　青霉的危害症状

（6）链孢霉的识别与危害症状　见图122、图123。

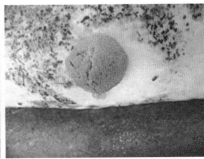

图122　链孢霉的危害症状（生长料）　　图123　链孢霉的危害症状（菌种袋）

（7）毛霉的识别与危害症状　见图124。

图124　毛霉的危害症状

（8）白色石膏霉的识别与危害症状　见图125。

图125　白色石膏霉的危害症状

2. 草菇病害的无公害防治技术　草菇病虫害一旦发生,较难处理,且损失已经造成。因此,其病虫害的综合防治更强调预防为主、防重于治、综合防治的原则。以选用抗病虫能力较强的优良品种、合理的栽培管理措施为基础,从生产全局出发,制定一套经济有效、切实可行的防治策略,将生态防治、物理防治、生物防治、化学防治等多种有效防治措施配合使用,形成全面、有效、科学、经济合理的防治体系,既能达到控制病虫危害的目的,又能促进草菇优质、高效。

（1）生态防治

1）防治机制　就是通过控制草菇在培养过程中的生态环境条件,促使草菇快速健壮生长,控制杂菌的生长繁殖,最终达到促菇抑病的目的。生态防治应根据草菇的不同品种,对温度的适应特点,掌握好制种和栽培季节,科学配制培养料,积极创造有利于菌丝和子实体生长发育的环境条件。

2）防治措施　①场地需求。菇场要选在远离垃圾、仓库、饲料场等污染源,交通方便,近水源,水质无污染的地方。合理规划生产场所,将原料库、配料厂、肥料堆积场等感染区,与菌种室、接种室、培养室、出菇棚等易染区隔离开来,防止材料、人员、废料等从污染区流动到易染区。因此,培养室应与菇场、菇棚分开,采用两场制,以减少培养期污染。建立长效的保洁制度,室内要经常消毒,室外要无杂草和各种废物,不乱倒垃圾,及时清理菇场。②原料与设施要求。选用优质原料,严格灭菌杀虫,搞好栽培场所环境卫生,杜绝病虫害污染源。并配套良好的生产设施,如空调、电冰箱、培养箱、灭菌设备、接种设备、培养设备、出菇设施等,以有效控制温度、湿度、光照、通气,尽量减少杂菌污染和病虫害的发生,为草菇生长创造良好的生态环境。③栽培措施。到正规单位购买信誉度高、品牌正的菌种。母种传代不要超过3代,栽培种由原种转接而来,不要由栽培种再次转接作栽培种。优质菌种的感官特征应是:菌丝健壮不老化、纯净无污染。选用抗病虫、抗逆性强的优良品种和适龄、生命力强的菌种。基质灭菌彻底,适当加大接种量,适温促进菌丝快速萌发。采菇后要及时清理料面、菇根、烂菇等残菇,然后集中深埋或烧掉,不可随意扔放,并进行场地消毒。科学用水,避免向菇体直接喷水。④合理轮作。食用菌栽培实践证明,在同一菇棚内连续栽培同一菇类,极易引发杂菌污染,且一次比一次严重。不同菇类,或同一菇类的不同品种之间,能产生具有相互拮抗作用的代谢产物,对病虫害及杂菌有一定的抑制和杀灭作用。据此合理轮作,能起到较好的预防效果。

（2）物理防治

1）防治机制　是指采用物理方法或机械作用杀灭病原菌和虫源,达到防病、杀虫的目的。此法优点多,效果显著,基本无副作用,易于操作,是目前应用最广的防治方法,包括一些传统的方法和现代科学技术。

2)防治措施　①规范操作程序。第一,生产原料要新鲜。储藏的培养料在使用之前,在强光下暴晒杀灭培养料中的霉菌孢子和虫卵。拌料场所、工具要清洁卫生。科学选择配方,规范拌料程序,保证培养料含水量均匀一致。强化基质灭菌,无论采用常压灭菌还是高压灭菌,都必须保证菌袋的熟化和无菌程度,切实杀死基质内的一切微生物菌体和芽孢。使用的菌袋韧性要强,无微孔,封口要严,装袋时操作要细致,防止破袋。第二,严格无菌操作。菌种生产要按照无菌操作程序进行,层层把关,严格控制,才能生产出纯度高、活力强的菌种或菌袋。在草菇生产中,采用接种箱或接种室接种,都必须有专人监督菌种清洗、熏蒸消毒、接种工具和场地的清理工作。第三,杜绝外界侵害。在发菌过程中,严格防止杂菌、害虫侵入菌袋。设置屏障将病虫源拒之棚、室外,菇棚、室的门窗要安装防虫网或纱窗等,出入菇房随手关门,防止蝇、蚊成虫飞入。防空洞、地下室进门处留一段黑暗区,内外各装一道门帘,以防飞虫乘隙而入,将虫源和病害带入菇棚。菌种或菌袋在菌丝培养过程中要避光,温度应控制在20~26℃,防止因温差过大引起菌袋表面结露,造成杂菌污染。培养室要有专人管理,经常检查、消毒和通风,尽量减少闲杂人员进入培养室,减少人为传播机会。②科学防虫。草菇在菌丝培养和出菇过程中,一旦出现虫害,可利用蚊、蝇和蛾的趋光性,用黑光灯、节能灯、杀虫灯诱杀。如在菇房内装黑光灯,在灯下放置加入少量敌敌畏的废料浸出液,可诱杀蚊、蝇和蛾类成虫。也可利用害虫对某些食物、气味的特殊嗜好诱杀。如菇蚊和螨虫对糖醋液、饼粕等有强烈的趋性,可用糖醋液、饼粕诱杀。方法是在菌袋上铺若干纱布,纱布上喷少许糖醋液或撒一层炒熟的饼粕粉,螨类闻到酸、甜、香味后便会聚集于纱布上取食,此时将纱布连同螨虫一起放入沸水中浸烫。

(3)生物防治

1)防治机制　是指利用某些有益生物,杀死或抑制害虫或有害菌,从而保护草菇正常生长的一种防治病虫害的方法,如利用捕食性昆虫或寄生性昆虫等,或利用微生物如细菌、真菌、病毒消灭害虫及生物代谢产物等,防治病虫害。生物防治在草菇上应用还处于起步阶段,但应用前景乐观,此法对人、畜、草菇均较安全,对防治对象选择性很强,对其他生物无伤害,对环境无污染,可避免使用农药带来的副作用,能较长时间作用于病虫害,不产生抗体,生产简单、方便。

2)防治措施　①捕食。在自然界有些动物或昆虫可以以某种(些)害虫为食物,通常将前者称作后者的天敌。有天敌存在,就自然地压低了害虫的种群数量(虫口密度),如蜘蛛捕食蚊、蝇等,蜘蛛便是蚊、蝇的天敌。②以菌治菌。如草菇假单孢杆菌引起的锈斑病,喷施青霉素溶液防治效果较好。防治其他细菌性褐斑病和腐烂病,可用100～200毫克/千克农用链霉素进行喷施防治。③以菌杀虫。利用苏云金杆菌制剂防治蚊蝇、螨类、线虫,杀虫效果良好。其他还有利用白僵菌、绿僵菌等寄生菌的寄生起到杀虫作用。④拮抗作用。由于不同微生物间的相互制约,彼此抵抗而出现一种微生物抑制另一种微生物生长繁殖的现象,称作拮抗作用。利用生物之间的拮抗作用,可以预防和抑制多种杂菌,如选用抗霉力强的优良菌株,就是利用拮抗作用的例子。⑤占领作用。栽培实践表明,大多数杂菌更容易侵染未接种的培养料,包括堆肥、段木、代料培养基等。但是,当食用菌菌丝体遍布料面,甚至完全"吃料"后,杂菌较难发生。因此,在菌种制作和食用菌栽培中,常采用适当加大接种量的方法,让菌种尽快占领培养料,以达到减少污染的目的。这就是利用占领作用抑制杂菌的例子。⑥植物制剂。用0.1%鱼藤精可杀死跳虫及菇蝇幼虫。在菇床上撒一层除虫菊或烟草粉末来防治跳虫;用0.125%～1.25%大蒜提取液防治青霉、曲霉、根霉、木霉等。

(4)化学药剂防治

1)防治机制 化学防治是指用化学药剂预防和杀灭病虫害的方法。应作为其他方法失败后的一种补救措施。此法见效快、操作简单、使用方便,能在病虫害大量发生时较快控制局面。但因草菇出菇周期短,药物喷施后易在菇体内残留,食后对人有一定的毒副作用,加上目前选择性农药不多,防治病虫害的农药也会对草菇及人、畜、环境等产生不同程度的影响。目前世界各国对各种食用菌的质量检验都非常严格,农药残留将会严重影响市场竞争力。因此,应作为一种辅助防治方法。

2)防治措施 ①合理用药。第一,选用高效、低毒、残效期短、对人畜和草菇无害的农药。不允许超范围、超剂量、超浓度使用高效低毒农药。使用农药时,应根据防治对象和病虫害发生程度,选择药剂种类和使用浓度,尽量局部使用,少量使用,防止农药污染扩大。第二,草菇生长期不得施用化学农药防治病虫害,要等到采收后才能施用,以免造成残毒,影响草菇品质。第三,使用农药要熟悉其性质,不能滥用,尽可能使用植物性杀虫、杀菌剂和微生物制剂,做到既能防病治虫又能保护天敌。第四,严禁将剧毒农药应用于拌料、堆料及喷洒菇体和料面。禁止使用劣质农药。②消毒彻底。栽培室应在使用前将床架、墙壁、地面彻底消毒、杀虫,要特别注意砖缝、架子缝等容易藏匿害虫的地方。对发病严重的老菇房要进行密闭熏蒸消毒48～72小时后再启用。

（5）草菇常用消毒及杀菌剂的使用方法　见表5。

表5　草菇常用消毒剂及杀菌剂的配制及使用方法

产品名称	防治对象	使用方法
福尔马林（含量37%～40%）	真菌、细菌、线虫	室内熏蒸消毒。1米³空间用8～10毫升加热蒸发，或加入4～5克高锰酸钾进行化学反应，汽化熏蒸12小时
苯酚（又名石炭酸）	真菌、细菌	3%～5%的水溶液，用于无菌室、培养室、生产车间等喷雾消毒及接种工具的消毒
高锰酸钾	真菌、细菌	与福尔马林混合进行熏蒸消毒，或用0.1%的水溶液对工具、环境进行消毒
漂白粉（含氯25%～32%）	真菌、细菌	用3%～4%的水溶液喷雾消毒接种室、培养室、冷却室和生产车间等，如在4%的水溶液中加入0.25%～0.4%硫酸铵有增效作用
漂粉精（含氯80%～85%）	真菌、细菌、藻类	用0.3%的浓度处理喷菇用水，1%～2%的水溶液喷雾消毒接种室、培养室、冷却室和生产车间等
二氯异氰尿酸钠（含氯56%～64.5%）	真菌、细菌、藻类	属有机氯，性质稳定，具有很强的氧化性，杀菌效果好，无残留，是烟雾消毒剂的主要成分。可用0.1%的浓度处理喷菇用水，0.3%～0.5%的水溶液消毒接种室、培养室、冷却室和工具等
新洁尔灭	真菌、细菌	20倍溶液用于洗手、材料表面及器械消毒
二氧化氯	细菌、真菌、线虫	培养室、栽培室床架、地面等，喷洒0.5%～1%的水溶液消毒，或用2%～5%的水溶液表面消毒
酒精（75%）	细菌、真菌	接种时手表面擦拭消毒，母种、原种瓶表面消毒，接种工具表面消毒
氨水	菇蝇类、螨类	17倍液菇房熏蒸，室外半地下式栽培地面喷洒；50倍液直接喷洒
烟雾消毒剂	真菌、细菌	接种室（箱）、栽培室空间熏蒸消毒，用量为3～5克/米³
石灰	霉菌、蛞蝓、潮虫	栽培室及工作室地面消毒，培养料表面患处直接撒粉，培养料拌入，配制石硫合剂或配制5%～20%的水溶液直接喷洒
硫黄	真菌、螨类	用于接种室、栽培室空间熏蒸消毒，用量为15克/米³，配制石硫合剂

草菇种植能手谈经

产品名称	防治对象	使用方法
来苏儿(50%酚皂液)	细菌、真菌	1%～2%用于洗手或室内喷雾消毒,用3%溶液进行器械及接种工具浸泡消毒
硫酸铜	细菌、真菌	20倍液用于洗手消毒,材料表面及器械消毒
克霉灵	真菌、细菌	300倍液用于环境消毒,1 000倍液处理喷洒用水
克霉灵Ⅱ型	真菌	300倍液用于草菇软腐病、绿霉病等真菌性病害的治疗,600倍液预防病害发生
万菌消	真菌、细菌	600倍液用于培养室、栽培室等消毒,1 200倍液治疗子实体黑斑病、锈斑病,2 000倍液处理喷洒用水
霉斑净	真菌、细菌	300倍液用于子实体斑点病的治疗,800～1 200倍液处理喷洒用水
50%多菌灵	真菌	1 000倍液拌料,600倍液料面、墙壁、空间喷洒
70%硫菌灵	真菌	栽培料干重的0.1%拌料,800倍液料面、空间喷雾
75%百菌清	真菌	800倍液喷洒培养架、栽培架、墙壁、空间等
45%代森锌	真菌	500倍液菇房、料面喷洒,1 000倍液拌料

（6）草菇常用杀虫剂及其用法　见表6。

表6　草菇常用杀虫剂及其用法

产品名称	防治对象	使用方法
80%敌敌畏	菇蝇、蚊、螨、跳虫	用棉球蘸50倍液后悬挂在菇房熏蒸,1 500～2 000倍液喷雾,不得向料面、菇体喷施,否则易造成药害
蜗牛敌	蜗牛、蛞蝓	每10千克炒麸皮,或豆饼加0.3～0.6千克蜗牛敌制成毒饵诱杀
菊酯类	菇蝇蚊、螨	1 500～3 000倍液喷洒菇房、培养室等
50%辛硫磷	蝇蚊、螨类	1 500～2 000倍液喷洒菇房及周围环境
线虫清	线虫	每吨干培养料拌入粉剂30克

产品名称	防治对象	使用方法
73% 克螨特	螨类	1 000～1 500 倍液,喷洒菇房、培养室、原料仓库等
锐劲特	线虫、菌蛆蝇蚊、螨类	1 000～1 500 倍液喷洒,菇房、培养室及周围环境杀虫
敌菇虫	菇蚊、螨虫线虫、菌蛆	600 倍液喷洒菇房、培养室及料面,杀虫效果好,无残留,不影响草菇现蕾出菇
20% 二嗪农	菇蚊、螨类	每吨培养料用20%乳剂0.7千克拌料,1 000 倍液料表面喷雾
灭幼脲	菇蝇、蚊	每吨培养料拌入250毫升或1 500 倍液喷雾
虫螨杀	菇蝇、螨虫线虫、菌蛆	用600倍液喷洒菇房、培养室及料面,杀虫效果好,无残留,不影响草菇现蕾出菇
虫立杀	菇蝇、蚊、螨类	该产品每袋净含量10克,对水2～2.5千克,混匀后喷洒菇棚墙壁、地面及发菌的料袋,可使菌袋在整个发菌期不受蝇、蚊、螨侵害
红海葱	鼠害	9 份谷物或麦粉,加入1份红海葱、适量植物油、用水调制毒饵

（7）无公害草菇生产禁用农药　按照《中华人民共和国农药管理条例》，剧毒、高毒、高残留农药不得在蔬菜生产中实用，草菇作为蔬菜的一部分应参照执行，不得在培养基中加入或在栽培场所使用。剧毒、高毒、高残留药物有：甲拌磷、乙拌磷、久效磷、对硫磷、甲基对硫磷、甲胺磷、苏化203、甲基异柳磷、治螟磷、氧乐果、磷胺、地虫硫磷、灭克磷、水胺硫磷、氯唑磷、硫线磷、滴滴涕、六六六、林丹、硫丹、杀虫脒、磷化锌、磷化铝、呋喃丹、三氯杀螨醇等。

172

草菇 种植能手谈经

附录 草菇食用指南

　　本书主要是介绍草菇种植能手的栽培实践经验和相关专家的点评,而在这里介绍草菇的食用方法似乎离题太远。但从整个产业链的角度考虑,这其中大有深意:好吃,吃好会多消费,进而必定促进多生产。因此,多多了解草菇的美食方法,并用各种方式告知消费者,对从根本上促进草菇生产有着重要意义。

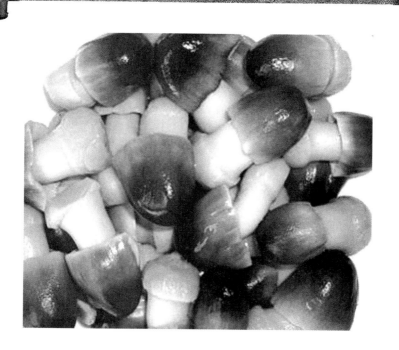

草菇营养丰富，香味浓郁，有"素中之荤"的美称，是一种低脂肪、高蛋白、富含多种维生素、多糖、无机盐的保健食品，随着人们生活水平的提高和对饮食质量的更高追求，食用菌的消费正在逐年的上升。

近年来，联合国粮农组织提出，21世纪最合理的膳食机构就是"一荤、一素、一菇"的饮食结构。人们逐步认识到食用菌的营养价值。不但在世界各地引起"吃菇"热潮，而且国内的消费人群也逐步认识到了吃菇的好处。在各种酒席餐桌上，经常可以看到以草菇为主的各种美味菜肴，草菇正逐步走向千家万户，市场需求量正在与日俱增。

虽然草菇是中国最早种植和食用的菌类之一，但由于种植技术和市场价格的原因，大多数人们对草菇的消费还处于认识阶段，没有像平菇、香菇、木耳等菌类那样做到家喻户晓。我们都知道，草菇不但具有香味浓郁的口感，而且具有较高的药用和保健功效，经常食用不但可以提高人体自身的免疫力，而且还可以预防多种疾病的发生。所以我们要学会如何食用草菇，如何吃出草菇文化，如何吃出健康。

本书共收集草菇菜谱51道，希望能对喜食草菇的朋友食用提供帮助。

1. 热菜系列

（1）素炒菇片

1）原料　干草菇500克，食用油25克，酱油50克，食盐、味精各适量。

2）制法

A. 将干草菇放入水中浸泡4个小时，待草菇膨大变软后，用刀刮去根蒂及其杂质后切片，在开水中煮15分后捞出备用。

B. 将食用油放置炒锅内烧热，将菇片放置锅中用旺火炒5分，加入食盐、味精、酱油翻拌即可。

3）特点　气味芳香，清甜脆嫩。

（2）虾酱烩三菇

1）原料　草菇150克，金针菇80克，平菇80克，鲜虾酱70克，猪瘦肉丝100克，鸡汤200克，香菜30克，植物油25克，大葱5克，姜5克，花椒3克，食盐、味精、胡椒粉各适量。

2）制法

A. 草菇一切两半，金针菇切段，平菇手撕成条，以上三种蘑菇用沸水氽出。

B. 锅烧热后加入适量油，放入花椒，炸出香味，捞出花椒，花椒油留用。

C. 锅内加植物油烧热，放入葱姜烹锅后，下入猪瘦肉丝和鲜虾酱煸炒，加入鸡汤200克，三种菇及食盐、味精、胡椒粉烧至入味，打去浮沫，撒香菜末，淋花椒油即可。

3）特点　三菇滑嫩，汤汁鲜香，虾酱味浓。

（3）草菇烧豆腐

1）原料　草菇200克，豆腐150克，大葱（碎段或碎丝）10克，姜丝5克，豆瓣辣酱15克，豆豉15克，酱油5克，高汤、辣椒、食盐、白糖、鸡精各适量。

2）制法

A. 草菇洗净一切两半；豆腐切厚片，下油锅煎至金黄，捞出；锅底留油，下豆豉、辣椒、姜丝煸香。

B.加入煎好的豆腐,放白糖、酱油、高汤、食盐适量,大火烧开,放入草菇,再用小火慢慢炖至汁干,出锅,撒些大葱花即可。

3)特点　清香可口,滑嫩怡人。

（4）蚝油草菇

1)原料　草菇150克,蚝油15克,青椒、红椒、香葱,食用油适量。

2)制法

A.草菇洗净,大个的对半切开备用,小的直接使用。取少许青椒、红椒切成丝,香葱切丝备用。

B.锅烧热后加入适量食用油,加热后放入草菇翻炒熟后加入蚝油翻炒均匀后装盘,再使用提前备好的青、红椒丝和葱丝点缀即可。

3)特点　色、香、味、形俱全,诱人食欲。

（5）草菇菜心

1)原料　草菇200克,白菜150克,食盐3克,鸡精2克,胡椒粉2克,玉米淀粉3克,鸡油10克,奶汤适量。

2)制法

A.白菜心洗净,焯水后用冷水浸凉,捞出后沥净水分,用刀修理整齐;草菇去蒂洗净。

B.汤锅置火上,添适量奶汤,下入白菜心,用食盐、鸡精、胡椒粉调好口味,移至小火上烧5分,使菜心烧至入味。用筷子将菜心捞出,整齐地摆在盘内,再将草菇倒入烧菜心的汤内烧透。

C.勾薄芡,淋些鸡油,浇在烧好的菜心上即可。

3)特点　色香味全,口感滑腻。

（6）草菇烧牛肉

1)原料　草菇200克,牛肉150克,香葱1棵,生姜1小块,食用油30克,酱油、料酒、食盐、白糖各适量。

2)制法

A.牛肉洗净切块,草菇洗净对半切,葱洗净切末,姜洗净切片。

B.往锅里倒油,烧热后放入葱、姜煸炒出香味,然后放入肉块煸炒出油,加入酱油、料酒和少许水,用大火烧沸后转小火焖烧约1小时。

C.再放入草菇、白糖、食盐,用大火烧开后改小火,焖至牛肉酥烂后装盘即可。

3)特点　鲜嫩酥香,咸甜适口。

（7）草菇炒鸡丝

1)原料　草菇300克,鸡脯肉100克,鸡汤100克,冬笋50克,鸡油50克,葱10克,姜2克,黄酒10克,味精、芝麻油、食盐各适量。

2）制法

A.将草菇洗净后对半切开；鸡脯肉切成长4厘米,火柴棍粗细的丝；冬笋、姜、葱切成相应细丝。

B.将锅烧热,下鸡油,烧制七成熟加入葱、姜炝锅,煸出香味,加入鸡丝煸至九成熟,再加入冬笋、黄酒、味精、鸡汤,烧滚后加入草菇翻炒2分后淋入芝麻油,颠翻几下后加入食盐翻匀即可。

3）特点　草菇滑嫩可口,鸡肉鲜嫩清香,滑而不腻。

（8）草菇炒白瓜

1）原料　草菇150克,白瓜1根,姜片3片,食用油、食盐、味精各适量。

2）制法

A.白瓜去子后洗净切片；草菇去蒂后对半切开,然后焯水。

B.先将锅内放少量油,烧热后加入姜片,爆香后放入白瓜翻炒。

C.再加入草菇炒匀,最后加入适量食盐调味即可。

3）特点　清香爽口,色泽怡人。

（9）草菇炒花蟹

1）原料　草菇250克,花蟹3只,姜1块,葱1段,蒜3瓣,食用油、食盐各适量。

2）制法

A.将蟹杂质处理干净后用刀将处理好的蟹斩成大块备用；草菇洗净,用刀分成两半；葱切小段,姜、蒜切片。

B.将锅烧热后,放少许油,烧热后放入葱、姜、蒜爆香,放入花蟹,翻炒至变色。

C.加入草菇,继续炒3分,加少许食盐,翻炒均匀即可。

3）特点　蟹香菇嫩,诱人食欲。

（10）草菇素什锦

1）原料　草菇150克,木耳30克,黄耳30克,胡萝卜50克,鲜百合50克,黄瓜100克（切成小块）,银芽50克（浸水备用）,荸荠50克（去皮、浸食盐水备用）,莲藕50克,蒜头（切蓉）、鱼露、芝麻油、淀粉、清水各适量,鸡上汤100毫升。

2）制法

A.木耳洗净、浸水,切成小片备用；黄耳洗净、浸水约2小时,切成粒备用；草菇切去底部的黑点,洗净,用沸水烧至软身,取出后切开成两半,沥干；胡萝卜去皮,切出您喜欢的形状,炒3~4分至软身；鲜百合撕开后,洗净,用沸水烧半分；莲藕连皮洗净,切薄片,用沸水烧半分。

B.锅烧热后,下生油,用中火将蒜蓉炒香,加鱼露及鸡上汤煮沸,再将全部素菜（除银芽外）放入烩3~4分至入味。

C.倒入芡汁料炒匀,加入银芽及芝麻油拌匀即可。

3）特点　菇蔬搭配,风味独特。

（11）油焖草菇灰树花

1）原料　灰树花1朵,草菇250克,葱3片,姜3片,酱油5毫升,食盐3克,白糖5

克,鸡精1克。

2)制法

A. 灰树花用温水泡发后,捞出洗净,撕成小片,过滤泡发的水备用。草菇洗净后切开。

B. 锅中倒入适量清水,加热至沸腾后,将灰树花和草菇倒入焯烫2分后捞出,沥干水分。

C. 炒锅中倒入适量油,大火加热至七成热时,放入葱、姜片爆香后,倒入灰树花和草菇翻炒2分。此时,倒入过滤后的灰树花水,没过菜量的一半即可,然后调入酱油、食盐和白糖搅拌均匀,盖上盖子(留一小缝)中火焖2分,待汤汁略收干,撒入鸡精搅拌出锅即可。

3)特点　双菌组合,更益健康。

(12)草菇炒芹菜

1)原料　草菇300克,芹菜200克,蒜4瓣,油、食盐、味精适量。

2)制法

A. 芹菜洗净,切断备用;草菇洗净对半切开并用水焯后备用;蒜切成末备用。

B. 将锅烧热后加油,待油烧热后加入蒜末爆香,加入芹菜翻炒至七成熟后加草菇继续翻炒均匀后停火,在锅内焖1分后即可加入适量食盐、味精调味品翻匀即可。

3)特点　清淡可口,色泽鲜艳,并有降糖、补血、安神的功效。

(13)椒烧草菇

1)原料　草菇200克,红椒、青椒、黄椒、香葱各20克,食盐、味精、料酒、白糖、高汤、色拉油各适量。

2)制法

A. 将草菇洗净,切成薄片备用。青椒、红椒、黄椒洗净切片备用

B. 锅中放油烧热,先下入草菇片大火翻炒,放料酒烹香,然后放入高汤(没有的话可以用清水加鸡精调制一些),加盖焖烧2分。

C. 放入葱花,青椒、红椒、黄椒片大火翻炒均匀,将其炒熟。最后放入食盐、白糖、鸡精炒匀即可。

3)特点　味道鲜美,香气四溢,百吃不厌。

(14)鲍汁草菇肉片

1)原料　草菇100克,瘦猪肉100克,食盐3克,淀粉3克,姜5克,鲍汁3毫升,色拉油适量。

2)制法

A. 瘦猪肉切成薄皮,用淀粉、食盐拌匀后腌渍10分后待用;草菇洗净后对半切开。

B. 将草菇放入淡盐水的沸水中灼烫3分后捞出,挤去水分,用流水洗干净,沥干水分。

C. 将锅烧热后加油,待油烧热后先放入姜丝爆香,再加入瘦肉片翻炒,待肉炒至变色后再放入草菇翻炒。

D. 待草菇肉片翻炒均匀后淋上鲍汁并再次翻炒均匀即可。

3）特点　降血糖，补血，健脑，色、香、味俱佳。

（15）草菇炒鸡杂

1）原料　草菇400克，鸡杂250克，姜4片，蒜4瓣，香葱2棵，食用油、食盐、酱油各适量。

2）制法

A. 鸡杂切成薄皮，草菇洗净后对半切开，姜切成碎末，蒜切成小块，香葱洗净后切成4厘米的小段。

B. 锅中放适量油烧热后放进姜和蒜，爆香后放入鸡杂爆炒至七成熟。

C. 倒入草菇，并加入香葱翻炒约3分，最后加入酱油上色，加入适量食盐拌匀即可。

3）特点　防暑，抗癌，开胃。

（16）草菇滑肉

1）原料　草菇250克，瘦猪肉200克，韭菜花20克，淀粉25克，食盐、料酒、白糖、食用油适量。

2）制法

A. 瘦猪肉加淀粉、料酒、食盐拌匀腌渍10分备用；韭菜花洗净切段；草菇洗净对半切开。

B. 用沸水将草菇灼烫2分捞出，并沥干水分。

C. 用沸水将腌渍好的瘦猪肉灼烫至变色捞出备用。

D. 将锅烧热后加入油，待油烧热后加入韭菜花炒香后加入瘦猪肉翻炒至肉变为金黄色后再加入适量的食盐、白糖，翻炒均匀。

E. 加入草菇翻炒均匀，在锅内焖2分即可。

3）特点　菇香肉滑，香气四溢，开胃健脑。

（17）腊肉草菇

1）原料　草菇200克，腊肉200克，食盐、油适量。

2）制法

A. 将腊肉切片备用，草菇洗净对半切开。

B. 炒锅中放入适量的食用油，待油烧热后放入草菇翻炒。

C. 待锅中菇油翻炒均匀后加入备好的腊肉一起翻炒均匀，加入1小匙开水盖上锅盖煮1分即可。

3）特点　脆滑菇香，味美怡人。

（18）草菇炒猪心

1）原料　草菇200克，猪心50克，姜25克，蒜5瓣，酱油5毫升，鸡精2克，芝麻油、食用油、食盐各适量。

2）制法

A. 猪心洗净后切片备用；草菇洗净对半切开；姜切片，蒜切成小块。

B. 锅烧热后放入适量芝麻油，待油热后先放适量姜片翻炒后在放入猪心翻炒，猪心翻炒至八成熟后起锅装盘备用。

C. 锅中放适量食用油，待油烧热后放入蒜瓣爆香后放入草菇翻炒，约 1 分翻炒均匀后加入 1 汤匙开水，并加入生抽、鸡精、适量食盐，放入炒制好的猪心翻炒后焖锅，待收汁后即可出锅。

3）特点　养心，降血糖，防癌，安神。

（19）炒三菇

1）原料　草菇 100 克，香菇 5 朵，木耳 10 片，高汤 1 大匙，酱油、白糖、食盐、芝麻油、食用油适量。

2）制法

A. 草菇洗净对半切开；香菇去柄一切两半；木耳洗净后分片并去根蒂。

B. 锅烧热后放入食用油，待油热后放入草菇翻炒，约 1 分后放入木耳、香菇，并加高汤、酱油、食盐、白糖翻匀炒熟后即可。

3）特点　三菇荟萃，菇菇留香。

（20）番茄炒草菇

1）原料　草菇 250 克，番茄 2 个，瘦肉丝 50 克，淀粉 1 小匙，白糖 10 克，酱油 5 毫升，葱花、蒜末、食盐、食用油各适量。

2）制法

A. 瘦肉丝先用适量食用油（约 3 毫升）、食盐、生抽、白糖拌匀后腌制 10 分后备用。

B. 番茄洗净后去蒂，均匀切成 8 等份后备用；草菇洗净后对半切开备用。

C. 锅烧热后倒入适量油，待油烧热后加入蒜末爆香，加入瘦肉丝翻炒，待肉丝变白后倒入备好的番茄，待有少量番茄汁炒出后加入草菇继续翻炒，如炒制期间汤汁过浓，可加入少量开水。

D. 炒制 3 分后加入适量食盐、白糖翻至均匀，再加入适量葱花即可出锅。

3）特点　色彩淡雅，清香鲜美。

（21）草菇炒五花肉

1）原料　草菇 200 克，五花肉 200 克，葱白一段，蒜 5 瓣，鸡精、食用油、食盐各适量。

2）制法

A. 草菇洗净后对半切开，再一分为二；五花肉切成薄皮备用，葱白切成碎末，蒜切成碎末。

B.锅中放油烧热后放入葱白爆香,放入草菇翻炒约1分,放入五花肉继续翻炒,加入适量开水炖至收汁,加入蒜末拌匀,再加入适量鸡精、食盐即可出锅。

3)特点 菇香入肉,滑嫩可口。

(22)彩椒草菇炒鸡丁

1)原料 草菇250克,鸡腿1个,彩椒2只,色拉油、食盐、蒜、料酒、生抽、老抽、黑胡椒、蜂蜜、白糖各适量,姜4~6片。

2)制法

A.鸡腿去骨、去皮后用姜片、蒜、料酒、生抽、老抽、食盐、黑胡椒和蜂蜜拌匀后腌制1小时,以便入味。

B.彩椒和草菇切成大小均匀的片。草菇入开水锅焯一下,再用冷水冲洗沥干备用。

C.腌好的鸡腿用厨房纸吸干多余的水分,水分一定要吸干,这样入锅煎的时候,就不会油花四溅了,且煎好的鸡腿会带有烧烤味。平底锅入油烧热转入小火,入鸡腿煎至一面定形再翻面。当腌制两面定形,且微焦时出锅,再切成小块。

D.另起油锅,入彩椒翻炒片刻,再入草菇翻炒,加食盐和调味品。最后倒入鸡腿肉翻炒均匀即可。

3)特点 色香味全,肉细腻,菇飘香。

(23)草菇酸子炒蟹

1)原料 草菇100克,肉蟹1只(约500克),荷兰豆100克,蒜头2粒(切粒成蓉),葱30克(切片),红辣椒粒1茶匙(斜切成小粒),淀粉、酸子汁、鱼露、油、食盐各适量。

2)制法

A.草菇切去底部的黑点,洗净,在底部剞上一个小十字,下开水锅汆数十秒后,取出,沥干备用。

B.肉蟹切成几件,洗净及沥干,加食盐调味,蘸上淀粉,下沸油锅炸约半分,取出。

C.将锅中炸油倒出,剩余约1/2汤匙炸油,放入蒜蓉、干葱及红辣椒粒用中火炒香,再加入荷兰豆及草菇炒熟。同时加入肉蟹、鱼露和酸子汁,拌匀后加盖烤1分,便可上碟。

3)特点 蟹肉滑嫩,草菇留香。

(24)草菇炖鸡翅

1)原料 草菇150克,鸡翅中10个,冰糖30克,葱10克,姜10克,酱油、醋、食用油各15毫升,食盐4克。

2)制法

A.先将鸡翅中洗净,放入凉水中开火慢慢汆熟,捞出用热水洗净;葱切成葱段,姜切成片。

B.锅中倒入油烧热后改为中火,放入冰糖,把冰糖慢慢熬化,倒入鸡翅,不停地翻炒,避免鸡翅糊锅,待鸡翅颜色红亮后倒入酱油、葱段、姜片继续翻炒,待鸡翅被酱油完全上颜色后,倒入适量的开水(以水刚刚没过鸡翅为好)和草菇,小火慢慢炖制。

C.等到汤汁要收干的时候放入醋和食盐翻炒均匀后即可出锅。

3）特点 肉入菇香,香气四溢。

（25）草菇烩牛肉粒

1）原料 草菇100克,牛肉粒1小碗,豌豆适量,红甜椒1个,青蒜2根,独蒜1个,蚝油、鸡蛋清、白糖、头抽、色拉油、料酒、食盐、淀粉各适量,酱油、胡椒粉各少许。

2）制法

A.牛肉粒放入大碗中,加入生抽、老抽、白糖、胡椒粉、鸡蛋清、淀粉、食用油充分拌匀后腌制15分后备用。

B.草菇洗净沥干水后先切片再切2厘米见方的小块;红甜椒去蒂去子后切成丁;独蒜瓣去皮后切丁;青蒜洗净后将蒜白与蒜叶分开,分别切段;将豌豆在沸盐水中汆煮至断生后捞出过到凉水后备用。

C.将适量淀粉撒在切丁的草菇上,用手轻轻抓匀,锅烧热后注油,油要适量多些,油烧热后将草菇放入,待草菇表面定型后捞出;红甜椒丁在油锅内煎炸一下后捞出。

D.锅底留油,热锅温油将腌制好的牛肉粒倒入,转动炒锅快速将牛肉粒滑散,肉粒变色后立即捞出控油。

E.锅内视情况再添加少许油,将蒜丁、蒜白段下锅后用小火煸香,将汆煮过的豌豆控水后倒入锅中翻炒,加少许食盐翻炒至豌豆表皮起皱焦香时,将炸过的草菇及红甜椒放入锅中,喷少许料酒翻炒几下,再调入白糖1茶匙,头抽1小匙,蚝油1茶匙翻炒均匀。

F.将炸过的牛肉粒回锅,大火快速翻炒,翻炒均匀后即可起锅装盘。

3）特点 色香味美,粒粒飘香。

（26）草菇爆虾球

1）原料 草菇300克,明虾10只,西芹段50克。调料食盐1小匙,葱姜料酒2大匙,胡椒粉少许,清汤少许,水淀粉、植物油各适量。

2）制法

A.草菇、西芹段洗净入滚水中汆烫;明虾去壳,脊背剞刀,焯水备用。

B.锅入植物油烧热,放入原料、葱、姜、料酒翻炒,加入调料、清汤烧熟,勾芡出锅即可。

3）特点 色泽鲜美,香气四溢,味道鲜美。

（27）草菇炒青椒

1）原料 草菇200克,木耳（水发）100克,青椒50克,豆瓣150克,食盐4克,酱油15克,淀粉20克,植物油25克。

2）制法

A.草菇洗净切片;青椒切片;木耳切小块。

B.锅中油烧沸,放入青椒块加食盐速炒,再加酱油炒匀盛起备用。

C.锅中倒入适量油,倒入蚕豆瓣,翻炒后加草菇和木耳,加食盐,再加些水煮熟。

D.加入炒过的青椒块回锅,翻炒均匀,并用淀粉汁勾芡即可。

3）特点 清热去火,防癌抗癌。

（28）草菇烩橘瓣鱼圆

1)原料　草菇100克,鳜鱼150克,葱汁5克,姜汁5克,鸡蛋清70克,料酒15克,食盐5克,猪油(炼制)100克,味精2克,淀粉(豌豆)5克。

2)制法

A.鲜草菇100克洗净,用刀对半切开;白鱼肉抹洗干净,放在砧板上剁蓉,放入碗中,加葱、姜汁、鸡蛋清、料酒、清水100克,食盐3克,搅匀上劲成鱼蓉。

B.炒锅置火上,添入清水1 500克,将鱼蓉用左手挤成橘瓣形,用调羹将鱼蓉舀入清水中,保持水温在90℃,使其在水中养透,倒入漏勺沥去水分。

C.炒锅复置火上,添入鸡清汤500克,放入草菇、鱼丸和熟猪油,烧10分,加食盐2克、味精,淀粉5克加水勾芡,起锅装入汤盘中即成。

3)特点　色彩鲜明,鱼肉细腻软滑,草菇爽滑脆嫩。

(29)清醉草菇

1)原料　鲜草菇350克,瘦猪肉200克,白熟猪油25克,上汤400克,味精3.5克,食盐3.5克,猪油500克(耗油50克)。

2)制法

A.先将鲜草菇用小刀剥去带有沙部分,用清水洗净捞干。然后把炒锅洗净烧热,放入猪油,待油热至约180℃时,将草菇放进油鼎内溜炸过,捞起沥干待用。

B.把已溜过油的草菇盛入炖盅里,再把瘦猪肉用刀切成一大片,中间用刀尖划几下,然后盖在草菇上面,再放上白猪油和入味料,灌入上汤,放进蒸笼炊30分取出,去掉肉料,调味即成。

3)特点　味香爽口,汤水清新。

2.炖菜系列

(1)草菇炖小鸡

1)原料　草鸡750克,草菇200克,土豆500克,酱油25克,花椒4克,大葱段8克,姜片8克,白糖20克,八角3克,植物油50克,食盐、味精适量。

2)制法

A.将草鸡处理洗净后剁块,并用酱油腌制20分。

B.土豆去皮,切成滚刀块;草菇洗净后备用或对半切开备用;葱段、姜片分别洗净切末待用。

C.锅中加油,待油加热至七成热后加入土豆,用旺火炸至金黄色捞出备用。

D.锅内油继续加热至八九成热时,将腌制好的鸡块分次放入锅中炸至变色后捞出。

E.另取一锅置于旺火上,放入底油烧热,用葱末、姜末炝锅,添入高汤750克,加入酱油、适量食盐、花椒水、白糖、八角等放入鸡块。

F.烧开后转入小火炖25分,加入土豆块、草菇再炖15分,放入味精调味即可。

3)特点　汤鲜肉嫩,香气怡人。

(2)草菇炖三珍

1)原料　鲜草菇200克,鲜平菇200克,鲜口蘑或双胞蘑菇200克,香菜、料酒、味精、食盐、白糖、鸡油、高汤各适量。

A. 草菇、平菇去杂洗净;将口蘑去根,洗净,下沸水中焯一下捞起,再放冷水中冲凉。

B. 将平菇、口蘑、草菇放入蒸碗内,加入高汤、食盐、白糖、料酒、味精、鸡油,上笼蒸半小时取出,撒入香菜末即成。

3)特点　清热解毒,开胃消食,去脂瘦身。

(3)草菇炖牛蹄筋

1)原料　草菇300克,牛蹄筋(生)200克,姜5克,小葱10克,老抽5克,白糖6克,食盐3克,八角5克,大豆油50克,芝麻油、食用油适量。

2)制法

A. 将牛蹄筋用水洗净,下白水煮烂,捞出晾凉后,用刀切成小块;草菇洗净对半切开;小葱切段,姜切片。

B. 锅中倒适量食用油,油热后将草菇倒入煸炒2分左右。倒入清水没过草菇,然后加入老抽、白糖、食盐、八角、葱、姜中火炖开。

C. 加入牛筋大火烧5分左右,撒些葱花,淋上芝麻油即可。

3)特点　补钙健身,补虚养身,美容养颜。

3. 汤羹系列

(1)草菇豆腐汤

1)原料　草菇200克,豆腐150克,油菜心50克,海米5克,肉馅20克,海带丝25克,葱10克,姜10克,酱油10克,高汤500克,鸡精、食用油、食盐、料酒适量。

2)制法

A. 将豆腐切成长方形块,海米、草菇、葱、姜洗净切成末,油菜心洗净。

B. 坐锅点火倒油,油温六七成热时,放入豆腐块炸至两面金黄色捞出放入热水中泡软。

C. 锅内留余油,油温五成热时,放入葱姜末、肉馅炒至变色加入料酒、酱油、食盐、海米末、草菇末翻炒均匀盛入盘中待用。

D. 将豆腐上端用刀切一个口,添入炒好的肉馅,用海带丝系好。

E. 坐锅点火放入高汤、豆腐、少许食盐、鸡精、油菜心,开锅后倒入汤盘中即可食用。

3)特点　清香怡人,老少皆宜。

(2)草菇清汤

1)原料　新鲜草菇250克,植物油10克,开水750毫升,香葱5克,芝麻油、鸡精、食盐适量。

2)制法

A. 草菇洗净后切片;香葱切末。

B. 将植物油在锅内烧热后加入开水烧沸,放入草菇片,煮4分后加入食盐、葱末、适量食盐、鸡精、芝麻油调味即可。

3)特点　清淡爽口,菇香沁人。

(3)草菇蚕豆汤

1)原料　草菇250克,蚕豆50克,银耳10克,高汤、胡椒粉、食盐适量。

2）制法

A. 银耳用清水泡发,摘掉硬黄部分,撕裂后备用。

B. 草菇洗净后切片,蚕豆洗净。

C. 锅中加入高汤、草菇,煮开。

D. 下蚕豆,食盐煮熟,加银耳略煮,用胡椒粉调味即可。

3）特点　汤鲜味美,滑爽可口。

（4）草菇排骨汤

1）原料　草菇250克,排骨1条,姜、食盐适量。

2）制法

A. 排骨洗净切块,草菇洗净对半切开。

B. 锅内加适量水、姜片、排骨,水沸腾后10分下草菇,约30分后加入适量食盐调味即可。

3）特点　汤汁鲜美,护肝健胃。

（5）草菇莴笋汤

1）原料　草菇150克,莴笋100克,植物油10克,姜3克,泡椒8克,食盐3克。

2）制法

A. 草菇去根蒂,洗净后撕成块;莴笋去老叶、根皮,切成长7厘米的条状,洗净待用。

B. 坐锅点火放油,待油烧热后,放莴笋条、草菇块同炒,加入姜、食盐、泡椒,再加入清汤。

C. 煮至莴笋断生,捞去姜及泡椒不用,倒入汤碗即可。

3）特点　清热去火,鲜香可口。

（6）草菇萝卜牛肉汤

1）原料　草菇250克,萝卜1根,牛肉150克,姜、食盐各适量。

2）制法

A. 牛肉切片用油拌好腌制20分;草菇洗净对半切开;萝卜洗净去皮切片。

B. 起锅烧开水,下萝卜和草菇、姜烧开2分,加入牛肉片。

C. 文火炖煮25分后加食盐调味即可。

3）特点　汤味浓郁,鲜香味美。

（7）菌菇汤

1）原料　草菇250克,茶树菇250克,平菇250克,双色蟹味菇250克大蒜6瓣,姜6片,青葱适量。

2）制法

A. 将草菇洗净后对半切开;茶树菇去掉尾部硬结洗净;平菇洗净后撕成条;双色蟹味菇瓣开洗净;大蒜和姜分别切成片。

B. 将所有蘑菇都洗净后,放入开水中烫2分,捞出沥干水分。

C. 锅中入油,待油温六成热时,放蒜片和姜片爆香,然后倒入蘑菇翻炒3分后,将蘑菇倒入砂锅中,一次性加足清水,大火煮沸后,转小火煲2小时,调入少许食盐和青葱碎即可。

3）特点　清理肠胃,排毒养颜。

（8）草菇番茄汤

1）原料　草菇 200 克,酱油 1 小匙,高汤 15 大匙,料酒 2 小匙,食盐 1 小匙,味精0.5小匙平菇 150 克,猪瘦肉 150 克,番茄 100 克,黄瓜 50 克,淀粉适量。

2）制法

A. 平菇洗净撕成条;草菇剥去外膜,洗净后用食盐开水快速汆烫后捞出冲凉;猪瘦肉洗净切片,拌入料酒、酱油、淀粉腌 10 分;番茄洗净,切成片;黄瓜洗净切斜片。

B. 高汤放锅内,烧开后先关火,放入猪肉片后再开火,并加入平菇、草菇和番茄片同煮,然后加食盐、味精调味。

C. 最后放入黄瓜片,一煮熟即关火盛出。

3）特点　色泽美观,鲜嫩滑爽。

（9）草菇虾肉粥

1）大虾 15 只,草菇 7 ~ 8 个,荷兰豆一小碗,大米 150 克,姜片 5 片,料酒少许。

2）制法

A. 锅中加入适量水,加少许料酒,把大虾尖汆一下到变色捞出,去壳;草菇洗净切片,荷兰豆切成小片。

B. 大米用水泡 20 分后煮熟,把草菇和虾肉放入后转小火焖烧 20 分,放入荷兰豆焖2 分即可(不可时间过长,否则荷兰豆会发黄)。

3）特点　米香诱人,滋补养身。

（10）草菇白菜奶汤

1）原料　草菇 100 克,白菜 150 克,猪脊骨 55 克,小麦面粉 20 克,虾米 5 克,鸡蛋清200 克,食盐 15 克,料酒 2 克,葱汁 8 克,姜汁 7 克,醋适量。

2）制法

A. 将发好的草菇稍挤出水装碗,加食盐、味精、葱姜汁;白菜去叶留心锅上火,加鲜汤,下菜心,加食盐,煮至菜烂,捞出过凉,切成 1 厘米宽、3 厘米长的排骨块待用;将通脊剁成细粒装碗,加少许鲜汤搅匀,加蛋清搅成稀糊状,加味精、食盐搅匀。

B. 汤锅刷净上火,加汤或清水,烧至八成开时,把脊蓉放入汆熟,捞出盛入碗中。另起锅加奶汤 1 000 克,放白菜块、虾米、食盐、味精烧开,下草菇,烧开撇去浮沫,点入米醋,起锅装入脊蓉碗内即成。

3）特点　汤白味鲜,质嫩适口。

4. 面点、微波炉菜系列

（1）草菇水煎包

1）原料　小麦面粉 600 克,草菇 120 克,肥瘦猪肉 120 克,酵母 20 克,春笋 60 克,虾仁 60 克,油菜心 60 克,大葱 10 克,姜 6 克,食盐 5 克,味精 3 克,酱油 6 克,碱 2 克,芝麻油 100 克,猪油 120 克。

2）制法

A.将葱、姜洗净均切成末待用；将适量面粉放入盆内，加入酵母、水，和成较硬面团，饧发，备用。

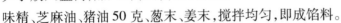

B.将草菇、油菜心洗净，放入沸水锅中焯一下，用清水冲凉，沥干水分后切成丁；鲜笋去壳和老硬部分，洗净，切成丁；虾仁去净泥肠，冲洗干净；猪肉洗净，切成丁。

C.将猪肉丁、草菇丁、油菜心丁、鲜笋丁放入盆内，加入虾仁、酱油、食盐、味精、芝麻油、猪油50克、葱末、姜末，搅拌均匀，即成馅料。

D.将余下的面粉放入盆内，加入清水，拌匀成面粉水。

E.将饧发好的酵面放在案板上，放入食碱，揉匀揉透，搓成长条，分成大小均匀的剂子，擀成圆皮，包入馅，捏成半月状，收好口，即成煎包生坯。

F.将平锅放在火上，锅底抹上余猪油，烧热后将煎包生坯码入，加入面粉水，盖好锅盖，煎约10分，用手持锅左右转动，使锅均匀受热，待包底面结成薄皮，色泽转黄，四角略翘起时，开盖沿锅边浇芝麻油，再盖上锅盖略煎，开盖用锅铲将薄皮一划为四，再连包子铲起，包底朝上装入盘内，即可食用。

3）特点　鲜香味美，油而不腻。

（2）椒油草菇饭

1）原料　粳米饭150克，鸡蛋1只，菊花10克，草菇50克，味精2克，冷猪油250克，花椒粒10克，食盐、胡椒粉各适量。

2）制法

A.草菇洗净后将草菇切成0.5厘米方丁，然后用沸水煮2分后捞出沥干备用；锅中入油50毫升，放入花椒粒用小火炸香，然后滤去花椒粒，将椒油盛出待用。

B.在滑过油的热锅中入猪油20克、椒油10毫升，放入打散的蛋液炒匀，再加入草菇炒透。

C.加入米饭、食盐、味精、胡椒粉转旺火炒匀，炒出香味，再撒上葱花，淋上椒油即可装盘。

3）特点　味鲜美，米菇香，增进食欲。

（3）草菇大肉水饺

1）原料　小麦面粉500克，猪五花肉馅300克，草菇500克，植物油20克，食盐、味精各适量。

2）制法

A.草菇洗净，锅中倒入适量水，以漫过草菇为准，锅烧开后草菇煮3分后捞出挤干水分，切成小粒，拌入备好的五花肉馅，加入各种调料，充分拌匀即成草菇肉馅。

B.面粉加水和好，搓成面剂，再擀成面皮，面皮中包入适量的馅料，捏成饺子，放入

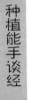

开水中煮熟即可。

3）特点　滑嫩爽口,滋补消食。

（4）草菇羊肉水饺

1）原料　小麦面粉600克,羊肉（瘦）300克,草菇250克,白菜200克,韭黄120克,食盐10克,味精4克,酱油10克,芝麻油15克,猪油（炼制）25克。

2）制法

A.将新鲜草菇洗净,用开水焯一下,过凉剁碎成末,挤去水分,备用。

B.将羊肉洗净,剁成末;白菜取其心洗净,焯一下,切成碎丁,挤干水分;韭黄洗净,沥水,切成末。

C.将羊肉放入盆内,加入食盐、味精、酱油拌匀,分次加入适量的水,搅至黏稠为止,加入草菇末、白菜丁、韭黄末、芝麻油、猪油拌匀,即成馅料。

D.将面粉放入盆内,倒入水和成面团,饧约1个小时,揉透搓成长条,分成每个约10克的小剂子,逐个按扁,擀成圆形,边缘较薄,中间较厚的饺子坯皮,包入馅料,捏成饺子生坯。

E.将锅放在火上,倒入火烧沸,分散下入饺子生坯,边下边用勺轻轻顺一个方向推动,直到饺子浮出水面,盖上锅盖,用沸而不腾的火候,焖煮4～5分,倒入少许冷水,再沸再倒入冷水,煮至水饺熟透,即可装盘食用。

3）特点　柔韧爽滑,鲜香不腻。

（5）草菇鸡丝凉面

1）原料　嫩鸡肉100克、草菇200克,黄瓜200克,食盐3克,酱油15克,醋10克,鸡精2克,芝麻油15克,香菜5克,鸡汤、料酒各适量,鲜圆湿凉面适量。

2）制法

A.将鸡肉放入碗内,加入食盐、料酒各少许拌匀,上屉蒸约10分即熟。取出鸡肉切成细丝,或撕成细丝。

B.草菇洗净切成片,用开水煮沸2分捞出沥干水分备用;黄瓜洗净,斜切成细丝;香菜洗净切成小段备用;将食盐、酱油、醋、鸡精、芝麻油、鸡汤放入一小碗内调成凉拌汁。

C.将鲜圆湿凉面条入开水锅煮开,点两次水,捞出过冷水,沥干水分,拌入少许芝麻油防粘。

D.将凉面盛入碗内,放入黄瓜丝,鸡肉丝,草菇片,再撒上香菜,然后浇入调好的凉拌汁,拌匀即可食用。

3）特点　味鲜,面滑,增加食欲。

参考文献

[1]苗长海.草菇栽培技术.郑州:河南科学技术出版社,1997.

[2]黄年来,林志彬,陈国良,等.中国食药用菌学.上海:上海科学技术文献出版社,2010.

[3]张维瑞.草菇袋栽新技术.北京:金盾出版社,2008.

草菇 种植能手谈经